高橋真樹著

そこが知りたい電力自由化

自然エネルギーを選べるの?

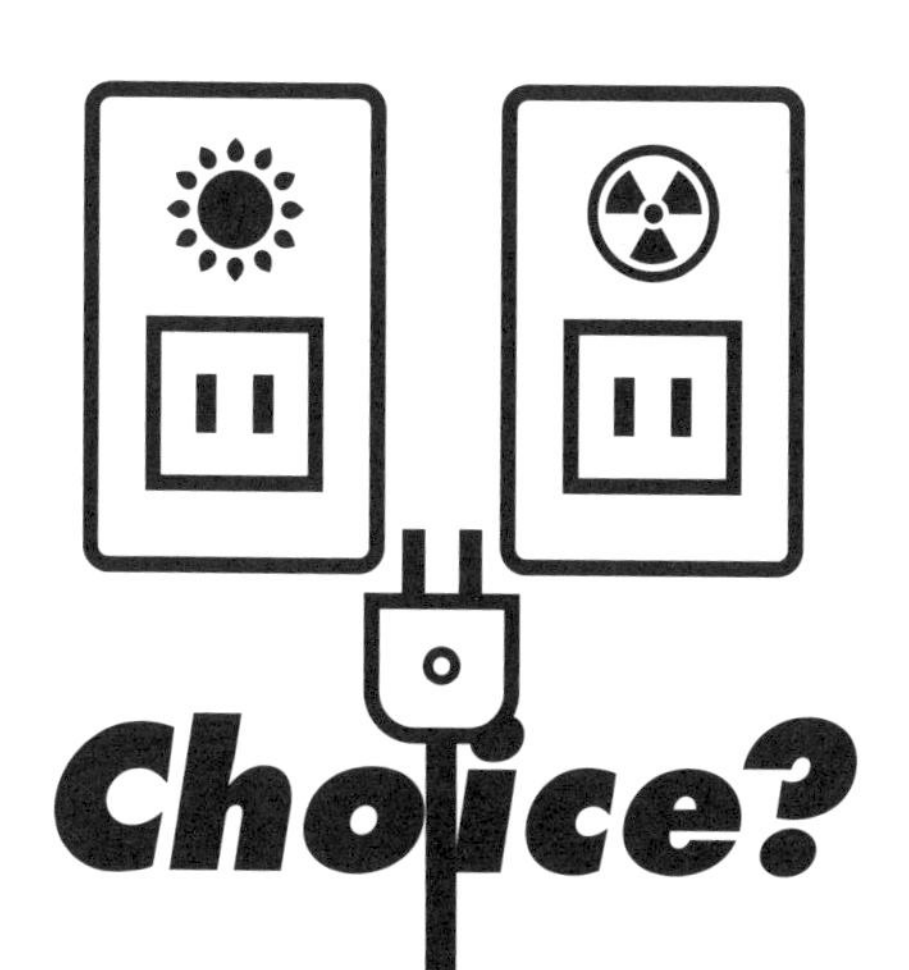

大月書店

はじめに――この本には「どこがお得か」については書いてありません

２０１６年4月から「電力自由化」が始まりました。この自由化によって、新たに8兆円の市場が開かれたとされ、電力とはかかわりがなかった企業が、続々と電力事業に参入しています。そして「どこに切り替えれば、どれだけ電気代が安くなるか」という値引き合戦が盛んになっています。とはいえ、ほとんどの方にとって「ピンとこない」、というのが正直な感想ではないでしょうか？

今回はじまった電力自由化は、正確には「電力小売全面自由化」というものです。私たちにとって一番わかりやすい変化は、地域独占だった小売業が自由化され、一般家庭でも電力会社を選べるようになったことです。これからは、携帯電話のように気軽に契約先を切り替えることができるようになりました。そこで各社が一斉に、宣伝合戦をしています。

でも「どこを選べばお得か」という情報は、この本には書いていません。同じような情報は他でたくさん出回っているからです。確かに電気代は大事な要素のひとつですが、価格ばかりが注目されてしまうことで、もっと大事なことが見落とされてしまっているのではないでしょうか？

電力会社を選ぶ際には、価格やサービスだけではなく、いろいろな情報を総合して見さだめる必要がありそうです。どんな会社を選ぶかで、電気代だけでなく社会の未来が変わる可能性だってあるかもしれません。

電力自由化をふくめた電力をめぐる本格的なルール変更は、戦後初めて行われるものです。ご存知のように、東京電力などの大手電力会社はこれまで地域ごとに独占状態で運営してきました。その閉ざされた電力システムが、この改革によってより開かれた仕組みに変わる可能性が出てきています。ただし、既得権益をもっている人たちの力はまだまだ強く、誰かに任せきりにしていたら改革は中途半端なまま終わってしまうかもしれません。また、大きなルール変更なだけに、新たな課題も出てきています。

この本では、そんな歴史の転換点を迎えて、どんな電力会社を選べばいいのかということだけでなく、どんなふうに電力システムにかかわっていけばいいのかについてまとめています。

本書を手に取ってくれた方の中には、「自然エネルギー100％の電気を選びたい」と思っている方もいるはずです。残念ながら、現状ではそう簡単には買えそうもありません。だからと言って今までとまったく変わらないわけでもありません。このモヤモヤした感じはどこから来ているのでしょうか？　そもそも電力自由化とは一体何のために行われるのでしょうか？　そしてどのようにすれば、一人ひとりが参加して、制度を変えていくことができるのでしょうか？　現状をふまえて、本書では以下の５つのポイントについて見ていきます。

①電力自由化とは何か？
②電力自由化によって、私たちの暮らしはどう変わるか？
③電力が送られてくるシステムはどうなっているのか？
④「自然エネルギー」や「地域主体」の電力会社を選べるのか？
⑤脱原発や自然エネルギーが中心になる社会は実現可能か？

電気は、目に見えない存在です。それでも「電力と私たちのかかわり」を考えると、今まで見えなかったことが見えてくるかもしれません。私たちの暮らしを大きく変える可能性のある電力自由化。これをきっかけに、「エネルギーと私たちのかかわり」を問い直してみませんか？

目次

7章　自然エネルギーを広げる新電力会社……149

8章　私たちにできること……173

1章　電力自由化で何が変わる？

この章では、皆さんにとって一番身近な電力会社の切り替えについて取り上げます。契約のポイントや、よくある疑問、そしてどんなタイプの新電力会社が参入しているのか、などについてまとめました。

何がどう変わったの？

電力自由化によって、何がどう変わったのでしょうか？　一般家庭にとって最もわかりやすい変化は、電気の購入先が選べるようになったことです。日本の電気事業は、第二次世界大戦の後からずっと、地域ごとに大手電力会社[※1]が独占的に運営してきました。関東であれば「東京電力」と契約することしかできなかったのですが、そのシステムが変わったのです。

そこで、新しい企業が小売事業に参入してきました。従来の大手電力会社（10社）に対して、新しく参入してきた新規の小売会社は、一括して「新電力会社」と呼ばれています[※2]。大手電力会

図１　電力供給の仕組み

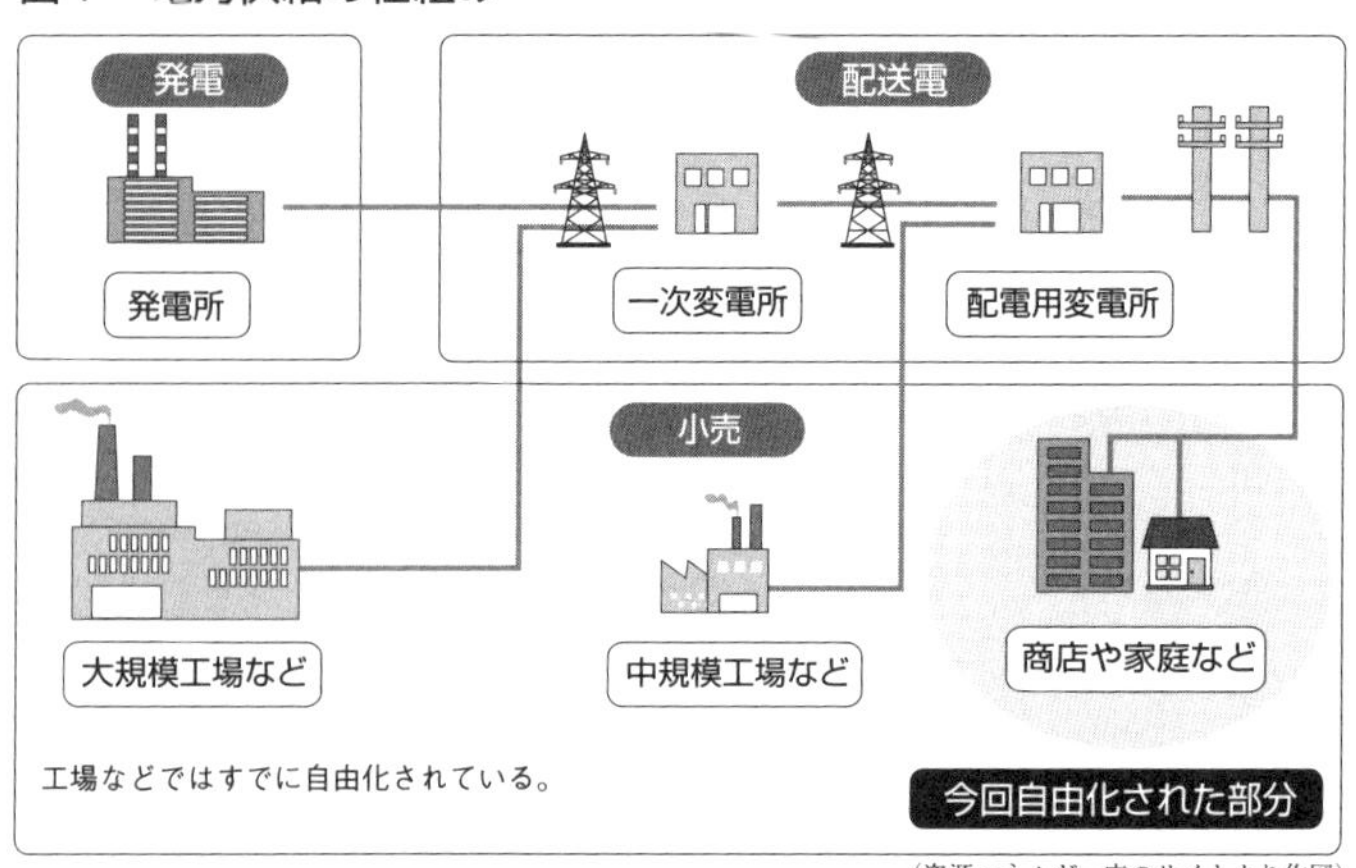

（資源エネルギー庁のサイトより作図）

社や新電力会社の中で、２０１６年5月現在すでに一般家庭などを対象とした低圧電力の小売事業を始めている会社は、93社にもなります。それぞれが工夫をこらした複数のプランを用意しています。

ひとつの会社しか選べない体制は不自由ですが、楽な面もありました。選択肢がない分、何も考える必要がなかったからです。その状態からいきなり、「数百ものプランの中から選べる」と言われても困ってしまいます。では、どのような基準で選べば良いのでしょうか？　今のところ、小売会社[※3]を選択する基準は３つあります。

①プランやサービスで選ぶ
②応援したい地域で選ぶ
③発電方法で選ぶ

電力自由化は、良いことばかりではありません。「電力自由化の『自由』という言葉は、新幹線の自由席と同じようなもの」と説明するのは、電力システムにくわしい関西大学の安田陽（やすだよう）准教授です。自由席は指定席よりも安く、席も自由に選べます。反面、場合によっては座れないこともあります。電力自由化でも同じように、選び方によって電気代が安くなることも高くなることもあります。

そのようなことをあれこれ考えるのが面倒な人は、今まで通りの電力会社と契約してもかまいません。しかし、それによって損をするかもしれないし、望まない原発のために電気代が使われてしまうことになるかもしれません。いずれにしても、これからは携帯電話のキャリアを変更するときのように、電気についてもメリットとリスクを自分で調べて、選択して契約するというのが当たり前の時代になったということになります。それでは、3つの選ぶポイントについて検討

図2　選択の基準は3種類

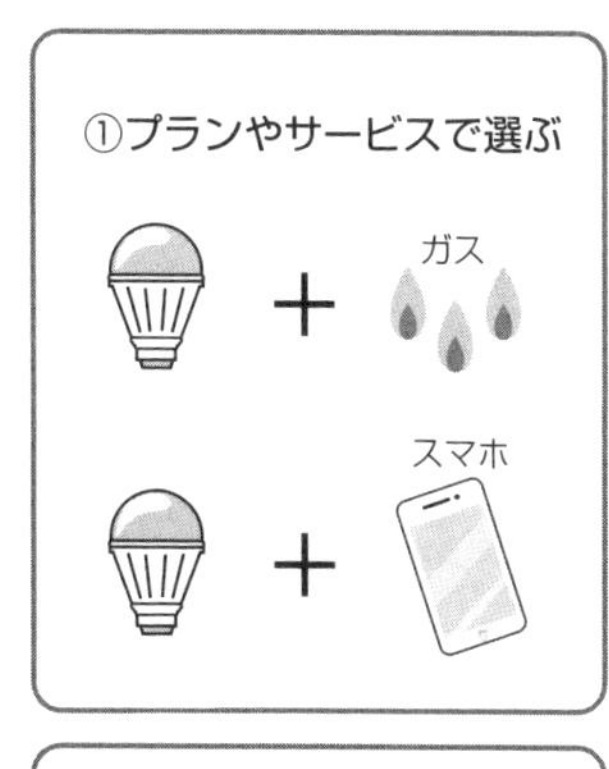

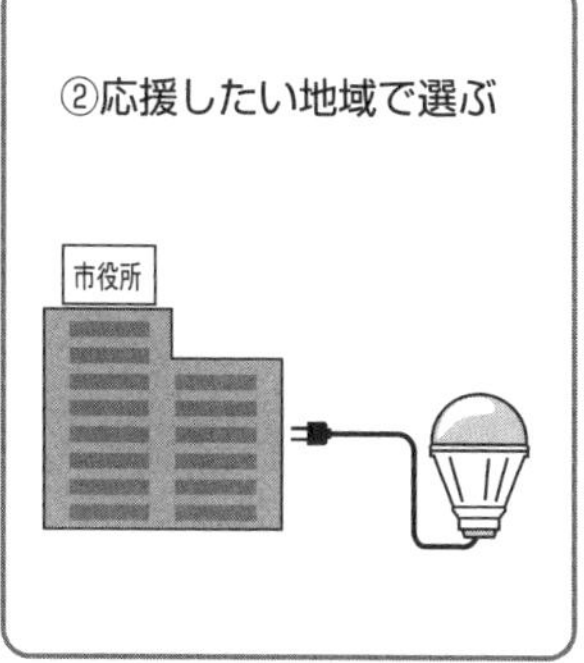

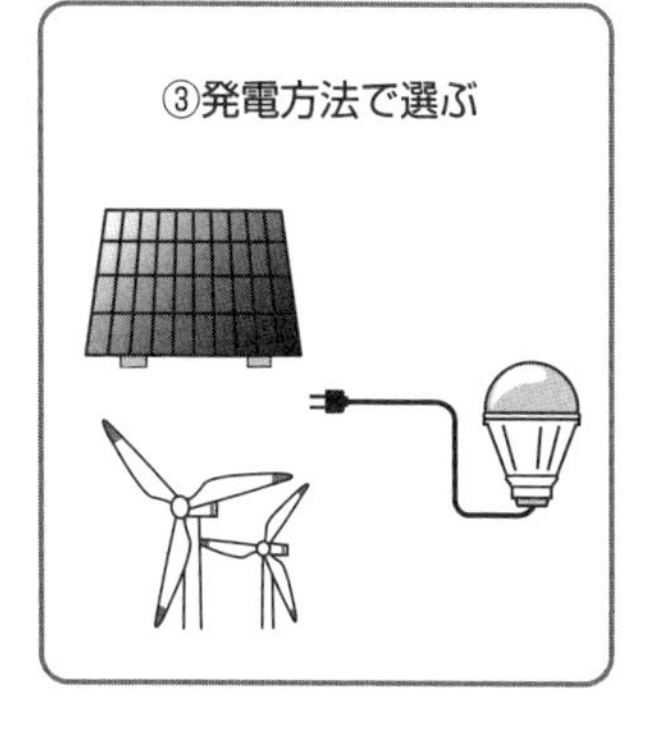

していきましょう。

※1　従来からある地域独占を許された東京電力など10の電力会社の正式名称は「一般電気事業者」だが、本書では「大手電力会社」という呼び名で統一している。

※2　2000年以降、小売自由化が限定的に行われるようになった際、企業向けの高圧電力を小売する会社として、上記の「一般電気事業者」とは異なる新会社が登録された。特定規模に限った電力を供給する会社であることから、正式には「特定規模電気事業者」とされ、俗称が「新電力」となった。16年4月の小売全面自由化によって、規模の制限がなくなったため「特定規模」という枠組みもなくなったが、大手電力会社との違いを表すために「新電力会社」という呼び名が使われることが多い。本書でも、2000年以降に電力を供給するようになった小売電気事業者を一括して「新電力会社」と表記する。新電力会社の中には、2000年前後に誕生した比較的規模が大きく経験もある会社と、2016年の電力小売自由化によって誕生したばかりの会社が混在している。

※3　「小売電気事業者」は、本書では「小売会社」と表記する。

①プランやサービスで選ぶ

「安いプラン」や「好みのサービス」、「気に入った会社」を選ぶことができるようになりました。インターネットでは、各電力会社のプランを比較するサイトがいくつも立ち上がっています。

今までは、大手電力会社が値上げを発表しても、選択肢がないので支払うしかありませんでした。これからは、そんなときにちがう会社に替えたり、もっとお得なプランを選ぶことができるようになります。

ただし注意も必要です。それぞれの家庭の電力使用量は大幅にちがうので、選び方次第では、むしろ電気代が高くなってしまう可能性もあります。一般的には、月に1万円前後の電気代を支払っている家庭であれば、切り替えたら安くなる場合がほとんどです。しかし、単身世帯や省エネを心がけている家庭では、経済的なメリットは多くありません。

ちなみに筆者の家庭は、都内の賃貸アパート（２ＤＫ）に２人暮らしをしていますが、月に３０００円程度しか電気を使いません。シミュレーションをしても、ほとんどの新電力会社では今よりも割高になってしまいました。新しく参入した事業者側からすれば、電気は商品ですから、たくさん使ってくれる大口の顧客にたくさんサービスしたいということになるでしょう。でも、貴重なエネルギー資源を効率よく利用するという視点からは、「使えば使うほどお得」というプランが増えている現状は問題があります。今後は、省エネしている家庭にもメリットのあるプランが出てくることを期待したいところです。

いずれにしても契約の切り替えを検討する前に、過去の電力料金表などを元にして、比較サイトや各電力会社のサイトでシミュレーションをすることをお勧めします。シミュレーションすることのメリットは、単にどこが安いかを比べるということではありません。自分がどれくらいの電気を使っていて、世の中の一般的な世帯と比べてどうなのか、といったことを考える機会になります。年間どれくらい、あるいは何月に一番電気を使っているか、などということは普段あまり考えないと思います。これを機に、電気の使い方そのものを見なおしてみるのが良いでしょう。

なお、お得感の高い「セット割」や「長期契約」などのサービスには、特典がある反面、従来の契約にはなかったリスクもあります。電気と合わせて「ガス」「電話」「インターネット」などをセットで申し込む割引は、どれかひとつでも変えようとすると違約金を払わされたり、割引がなくなるケースがあります。また「2年割」「5年割」といった長期契約も同様に、途中解約には違約金が必要となるケースがあります。条件は小売会社によって異なるので、契約の際によく確認しておきましょう。

電力小売自由化は始まったばかり。1~2年後に、自分にとってより魅力的なプランが発表される可能性は十分にあります。そのときに後悔しないよう、いつでも無料で解約できるプランを選んでおくのがお勧めです。

②応援したい地域で選ぶ

住んでいる地域の自治体や地元企業が小売会社を設立した場合、その会社から電気を買うことができます。たとえば福岡県みやま市は、民間企業と共同で「みやまスマートエネルギー」という新電力会社を立ち上げ、小売事業を始めました。※ 市が出資する事業なので、利益が出れば市に還元されます。みやま市内に住む人がこの会社とかかわることで、単なる電気の売り買いとはちがう価値が生まれてきています。

自治体が電力事業を担うことは、日本ではなじみがありません。でも、同じ公共インフラである水道事業を担ってきた実績はあります。これからはみやま市のように、水道と合わせて電気も同時に扱う自治体が増えてくるかもしれません。

ドイツでは、19世紀後半から自治体が水道やガス事業に加えて電力事業を担ってきました。そのような地域密着の事業体は「シュタットベルケ」と呼ばれ、地域の実状に合わせたエネルギーサービスを行っています。２０１５年現在も、ドイツではおよそ９００のシュタットベルケが存在し、電力小売市場で20％のシェアを占めています。

日本では地域をベースにした新電力会社はまだ少なく、誰もが契約できるわけではありません。しかし今後増えていけば、ふるさと納税のように、応援したい地域を誰でも気軽に選べるようになっていくかもしれません。

ただし注意も必要です。地域の名前を冠した「○○電力」といった会社が増えているのですが、本当にその地域のためになる事業を行うのかどうか、実態がよくわからない会社も混じっています。契約するか迷うような場合には、どんな事業者が母体となっているかなど、いろいろな情報を集めてから判断した方がよさそうです。地域の自治体などが立ち上げた新電力会社については、6章でまとめています。

※　みやまスマートエネルギーの供給対象は、公共施設や企業向けなどの高圧供給がみやま市周辺、一般家庭向けなど

の低圧供給が九州全域となっている。高圧と低圧の区別については2章を参照。

③発電方法で選ぶ

「電力会社や料金を比べて選ぶ」だけでは、携帯電話や航空会社のチケットを選ぶのと大したちがいはありません。エネルギーを選ぶという行為は、それらの選択とはちょっとちがう意味をもってくるはずです。かといって、自分の自治体が電力会社を設立する例はまだ多くはありません。この本を手にしてくれた方の多くが関心を持ち、かつかかわることができそうな方法が、「電源の種類を選ぶ」ということになります。福島第一原発事故を受けて、「もう原発がつくった電気なんて使いたくない」と思った人にとって別の選択肢が現れたのでしょうか?。

環境という視点からとてもざっくりとした分類でお勧めの電源を選ぶと、汚染の少ない順に①自然エネルギー(再生可能エネルギー)↓②天然ガス↓③石油↓④石炭・原子力という並びになります。石炭と原子力は評価の基準がちがうので、どちらがより問題と感じるかは人によって異なるでしょうが、いずれも大きな環境汚染をともなう発電方法であることは確かです。

もし電源を自由に選べるのであれば、この順で選んでいくのがもっとも環境に配慮した選び方になります。ただし細かく見ていけば自然エネルギーと言っても環境への負荷が大きいダム式の水力発電や、ずさんな工事などで環境に悪影響を及ぼすプロジェクトもあるので、一概にすべて

図3　ドイツの電源構成の表示例

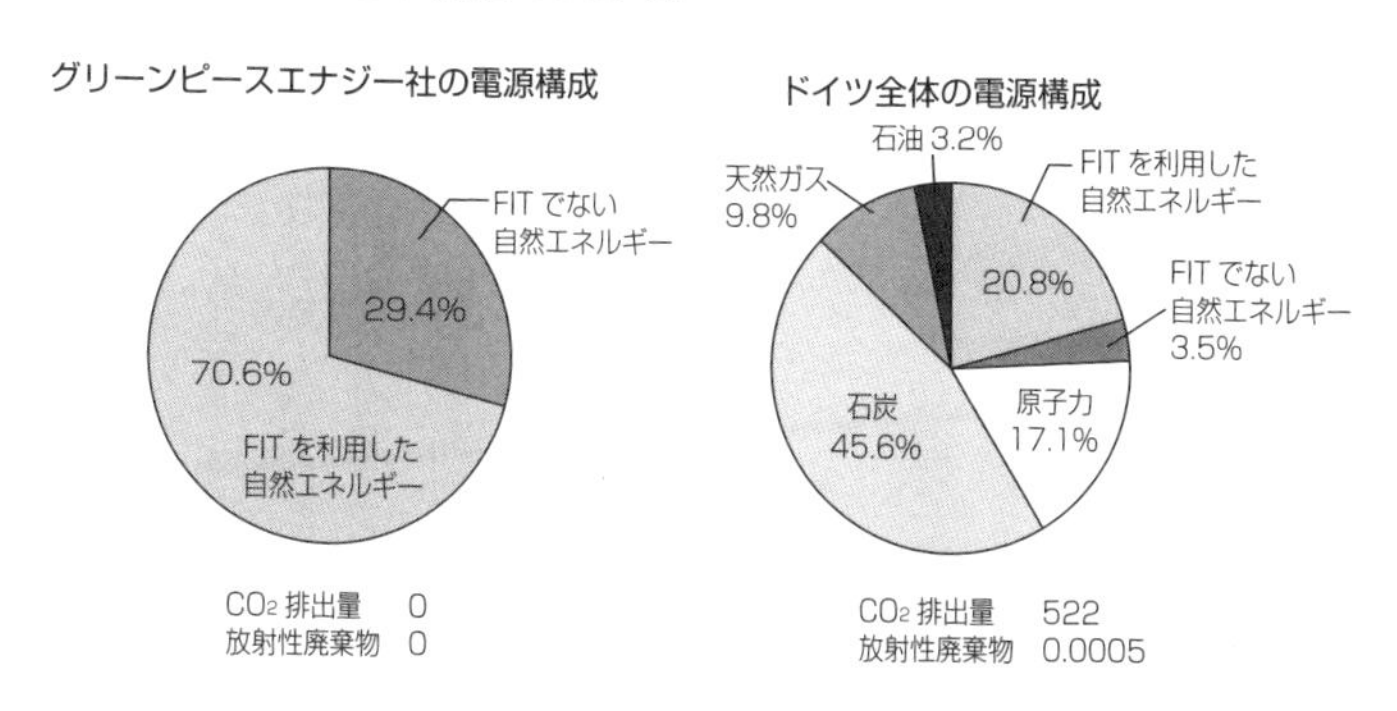

ドイツの新電力会社「グリーンピースエナジー」の電源構成（左）と、ドイツ全体の電源構成（右）。二酸化炭素排出量や放射性廃棄物の有無まで表示義務がある。グリーンピースエナジーは、100％自然エネルギーの電力を供給している。（2012年実績）

が良いとは言えないことを付け加えておきます。

では電力自由化によって今すぐ「自然エネルギー100％の電源」を選ぶことができるかというと、しばらくはできません。理由のひとつとして、日本ではまだ自然エネルギーの発電設備が少ないことがあげられます。また「電源構成の表示」が義務付けられていません。電源構成の表示とは、その会社が販売している電気をどんな電源から調達しているのかという割合を示すものです。国のガイドラインでは「望ましい行為」とされるにとどまり、義務付けまではいきませんでした。

電力自由化の先進地である欧州連合（EU）では、電源構成の表示が義務化され、当たり前になっています。たとえば、小売会社のA社は自然エネルギー60％で残りは天然ガス発電、B社は原子力が80％で残りは石炭発電といった形で表示されます。また、二酸化炭素や放射性廃棄物の排出量なども示されるので、消費者は情報を比較して、どこの会社と契約するかという選択がしやすくなるのです。

日本の場合、多くの会社がまだ電源構成を公開していないので、消費者は会社名と価格以外で判断することができません。ただこの状況がずっと続くかどうかはわかりません。多くの人が「電源構成を表示してほしい」と要望することで変わる可能性はあるでしょう。

現状では制度の関係で100％自然エネルギーの電気を購入するのは難しい状況ですが、それでもできる範囲で自然エネルギーを増やそうとチャレンジを始めた小売会社もあります。そうした小売会社は電源構成を表示しているところが多いので、そこから選ぶという意思表示の仕方もあります。詳しくは7章で取り上げています。

「FITでんき」って何？

自然エネルギーの電気を選びたいと思う人にとって、わかりにくい存在が「FIT電気」です。実際にソフトバンクの子会社である「SBパワー」などが、主に自社グループの太陽光発電所で作った電力を「FITでんきプラン」として販売しています。

「FIT」というのは、2012年7月から運用が始まった「再生可能エネルギー固定価格買取制度（Feed-in Tariff）」の略称です。これは、自然エネルギー電源を日本中に増やすことを目的にして制定されたものです。内容としては、太陽光や風力など自然エネルギー電源で生まれた電気を、電力会社が20年間にわたって国が決めた価格で全量を買い取ることを義務付けたものです。電力会社は支払った費用を電気料金に「再エネ賦課金」[※1]として反映できるので、電力会社の負担にはなりません。

制度が始まって3年半ほどが過ぎた2015年末の段階で、日本の自然エネルギーの割合は大幅に増えました。日本全体の消費電力の中での自然エネルギーの割合は、3.8％（2011年）から6％（2015年）に増えています。[※2]FIT制度には、太陽光発電ばかりが偏って増えてしまったことなどさまざまな課題もあり、今後はより効果的に機能するよう制度を改善していく必要はあるのですが、「設備の数や量を増やす」という意味では一定の効果がありました。

FITで上乗せされた費用は、電気の消費者である国民が分担して支払っています。毎月電力会社から皆さんの元に届く「電気ご使用量のお知らせ」には、「再エネ発電賦課金」という欄があり、電力使用量に応じて金額が加算されています。

問題になるのは、小売会社がこのFIT制度にのっとった自然エネルギーの電気を販売する際の表現についてです。経済産業省によると、FITは消費者が負担して自然エネルギーを導入しているのだから、その「環境価値」をもっているのは事業者ではなく消費者になります。そのためFITで作った電気を小売会社が販売するとき、「環境的に価値のある電気」というアピールをしてはいけないことになりました。それによりFITの電気を販売する小売会社は「自然エネルギー」や「再生可能エネルギー」と明記できず、苦肉の策として「FIT電気」という表現が使われるようになっています。でも消費者にとっては、わかりやすいとは言えません。「自然エネルギーの電気」とアピールして良いのはどんな場合でしょうか。それは、FIT制度の登録をせずに発電している自然エネルギー設備の電気を販売する場合に限られます。しかし、日本で自然エネルギーがようやく普及し始めたのはこのFITがきっかけなので、現状では日本にある太陽光発電や風力発電の設備のほとんどはFITの枠組みに入っています。[※3] 今後はFITによらない自然エネルギー設備も増えていくはずですが、しばらくは「自然エネルギー100%」と表示される電気を購入することは難しそうです。

※1　厳密には自然エネルギーで発電した分、化石燃料の使用を削減しているので、すべての費用ではなく、削減できた化石燃料の費用を差し引いた額が支払われる。

※2　自然エネルギー白書2015などによる。大型のダム式水力発電を除いた発電量。

※3　バイオマス、水力、地熱など大型の設備の中には、FITに登録されていない設備もあるが、そのほとんどは大手電力会社や大企業が母体となった新電力会社が所有している。また自治体が所有する古いダム式の水力発電の中には、FITの登録がされていない設備もある。

FIT100%なら買えるか？

しかし、FITであっても電源が自然エネルギーであることに変わりありません。ではFITであれば、自然エネルギー100%の電気を買うことはできるのでしょうか？　残念ながら、現段階ではそれも難しい状況です。

自然エネルギーには、太陽光、風力、バイオマス、水力、地熱などさまざまな種類があります。太陽光は、日の出ている間しか発電しません。風力は風の吹いているときだけですが、曇り空や夜も発電できます。川の流れを利用する水力、そして地中の熱を利用する地熱などは、基本的に24時間安定して発電できるのですが、発電所の設置には時間と費用がかかります。日本はどの自然エネルギーもポテンシャルが高いので、それぞれ特徴の異なる種類をバランス良く設置することで、欠点を補い合うことができるようになります。

しかし、ＦＩＴ制度のもとで増えた自然エネルギー設備のほとんどは太陽光発電でした。太陽光発電は、日本全国で土地と資金さえあれば設置ができます。しかも環境面での規制がなく、計画から設置まで時間がかかりません。そしてＦＩＴでは、太陽光の価格が特に優遇されていました。そのため、太陽光発電所ばかりが偏って作られてしまったのです。

太陽光発電は晴れた日中しか発電しません。それでも、昼間に稼働することが多い工場や事業所が対象の高圧電力であれば、ある程度対応することができます。しかし、一般家庭向けの低圧電力は夜間に最も電力を使用するので、調整が難しくなります。

そのため、現状ではＦＩＴ電気でも自然エネルギー１００％というわけにはいきません。自然エネルギーの電気を販売する小売会社は、太陽光で補えない分を、電力取引市場（３章）や、大手電力会社から買ってくる必要があるのです。この状況は、風力や地熱など他の自然エネルギー設備の割合が増えれば、少しずつ変わっていく可能性があります。

地域によって選べる会社はちがう

「選べる」という話をしてきましたが、全国どこでも同じように選べるわけではありません。多様なサービスの中から選べるようになる地域がある一方で、ほとんど選択肢がない地域もあります。

東京電力、関西電力、中部電力の管内など、契約対象者が多いエリアでは激しいサービス競争が行われています。全国の電力販売量のシェアでは、東京電力が32・3％、関西電力が16・2％、中部電力が13・8％で、3社合わせると全体の60％以上を占めています（2013年―2014年）。顧客の奪い合いはそこで起きています。

一方で沖縄は人口が少なく、他のエリアと切り離されているため、進出しても利益が見込めません。また北陸地方は安価な水力発電所が多く、もともと全国的に電気代が低く設定されています。このような地域では、新電力会社が進出する可能性は少ないとされています。また、人口の少ない山間部や離島などの地域でも同様に、選択肢が限られるケースがあります。

だからと言って、そのような地域の人たちが不当に高い料金を支払わせられるようになるかといえば、それほど心配する必要はありません。日本では国民生活に不可欠なサービスは、妥当な価格で提供されるよう法律で決まっています。これは「ユニバーサルサービス」と呼ばれ、電力会社にとって採算の合わない地域への供給は、全国民が負担をして、該当する地域の人たちがひどく不利な立場に置かれないよう配慮されることになっています。

電力自由化のギモン

ここでは電力会社の切り替えについて、一般的によく聞かれる質問に答えていきます。質問は以下の5つです。

①どうやって切り替える？
②すぐに替えたほうがいい？
③替えたことで停電しやすくなる？
④切り替え先の電力会社が倒産したら？
⑤マンションや賃貸アパートでも切り替えられる？

Q①　どうやって切り替える？

新電力会社に切り替える手続きは、新しく契約する会社に申し込めば終わりです。今まで契約していた大手電力会社に連絡する必要はありません。切り替えの際には、大手電力会社から届いている「電気ご使用量のお知らせ」を用意してください。

小売会社を切り替えると、従来の電力メーターが「スマートメーター」に交換されます。スマートメーターにはデジタル通信機能があり、これまでのように検針員が各家庭を回らなくても、小売会社が電力使用量を30分単位で確認できるようになっています。将来的には消費者の側もそのデータを確認できるようになります。こうしたデータを知ることで、効率的な省エネに活かすこともできます。遅くとも2025年までには、全世帯の電力メーターがスマートメーターに切り替えられる予定です。スマートメーターの切り替えには原則として費用がかかりません。※

※ただしメーター交換にかかわる工事に費用がかかるケースがある。

設置されたスマートメーター

Q② すぐに替えたほうがいい？

各社が早期割引プランを設定したり、「今申し込んだほうがお得です」という宣伝をしていますが、新電力会社への切り替えはいつでも可能なので、あせる必要はありません。特に今回は戦後初めての制度変更になるので、いろいろと不具合が出る可能性があります。

半年程度は様子を見ても良いのではないか、というのが多くの専門家の意見です。実際に自由化が始まって以降2カ月で、切り替えた人は約1・7％と少ないことからも、そう考えている人が多いのかもしれません（2016年5月31日時点で103万5500件）。

ただ、「めんどうくさいから」「よくわからないから」と言って何もしないというのでは、既得権をもつ大手電力会社が喜ぶだけで、せっかくの機会を活かすことはできません。様子を見るのと何もしないのとではちがいます。自分の好みに合った会社やプランがあるかという情報を集めて、いつでも切り替える準備をしておいた方が良いでしょう。

Q③　新電力会社は停電しやすい？

新電力会社に切り替えて、停電する心配はありません。それは、電気が送られてくる仕組みと関係しています。どの電力会社と契約をしても、物理的に電気が送られてくる仕組み自体は変わりません。

たとえばある家庭が東京電力から新電力会社A社に切り替えたとします。そのA社の契約している発電所が故障して電気を調達できなくなった場合でも、家庭には影響がありません。家庭に物理的に電気を送る役割を担っているのは小売会社ではなく、送配電会社だからです。どの会社が発電した電気も、いったん送配電網に入ると、送配電会社が責任をもって家庭に届けています。送配電会社は、たとえA社の発電所が止まったとしても、別の会社が発電した電気を調達する役割を果たします。

そのため、どの会社を選ぶかによって停電の頻度が変わることはありません。ただ、予定していた電力を調達することができなくなったA社は、他社から高額で電気を買わなければならなくなるため、このようなことがたびたび起こる小売会社の経営は危うくなるかもしれません。電気が家庭に届く仕組みについては2章で紹介しています。

Q④　切り替え先の電力会社が倒産したら？

契約していたA社の経営が悪化し、倒産した場合はどうなるのでしょうか？　その場合も、送配電会社が家庭に電気を送ることになるので、電気が届かなくなることはありませんが、早めに他の会社と契約し直す必要があります。実際に、企業、自治体などに高圧電力を供給していた新電力会社「日本ロジテック協同組合」は、２０１６年3月に倒産、事業から撤退しました。このようなことが、今後も出てくる可能性もあります。ちなみに２０２０年までの暫定処置として、契約した新電力会社が倒産した場合は、大手電力会社が従来のプランで引き継ぐことになっています。

Q⑤　マンションや賃貸アパートでも切り替えられる？

集合住宅であっても、各家庭が個別に電力会社と契約している場合は切り替えることができます。ただしオーナーが一括受電の契約をしている場合は、個々の家庭が選んで契約することはできません。賃貸アパートであれば不動産屋さん、マンションであれば管理事務所などに問い合わせてください。ちなみに一括で契約している場合は、すでに一般家庭より電気代が安く設定されていることが多いようです。

どんなタイプの電力会社があるの？

章の最後に、どんな電力会社があるのかを整理してみます。登録されている小売会社は300社近くにのぼり（2016年5月現在）、首都圏や関西など新電力会社が乱立しているエリアでは、リストを見ても混乱してしまうかもしれません。そもそもなぜ、ガス会社や電話会社、旅行会社までが電気を売り出したの？　と不思議に思う方もいるはずです。しかも世の中で「うちの電気を買ってください」とアピールしている会社の中には、自ら発電所を設置して電力の調整まで行っている本格的な小売会社から、大手電力会社などの電気を代理店（窓口）として販売しているだけの会社まで※混在しているので、よけいにわかりにくくなっています。

そこで電力会社をタイプ別に分けて、その成り立ちや特徴をまとめました。従来の大手電力会社をふくめた以下の6つのタイプに分けています。本書はその中で、地域主体や自然エネルギーの取り組みをお勧めしています。

※　このような代理店販売を行っている会社には、ソフトバンクのような大々的に広告を出している企業もあるが、ソフトバンクは300近くある登録小売会社には含まれていない。

①大手電力会社／東京電力、関西電力など
②エネルギー系（ガス会社、石油会社）／東京ガス、JXエネルギーなど
③通信系／KDDI、ジェイコムなど
④異業種系／MCリテールエナジー、東急パワーサプライなど
⑤地域&自治体系／みやまスマートエネルギー、中之条電力など
⑥生協&自然エネルギー系／生活クラブエナジー、みんな電力など

①既存の大手電力会社

これまで地域独占でやってきた東京電力や関西電力のような大企業です。長年、電力事業を担ってきたため、巨大な発電所と送配電網を所有していることに加えて、経験豊富な人員とノウハウをもっています。新電力会社とは比べものにならないほど強力な存在なので、新電力会社の多くはこれら大手電力会社と組んで小売事業を進めています。このままでは公平な競争環境とは言えないでしょう。

とはいえ、今後も大手電力会社が安泰かどうかはわかりません。電力自由化によって地域独占という枠組みがとり払われたことで、東京電力が関西電力や中部電力のエリアに進出するなど、大手電力会社同士が顧客を奪い合うという新しい展開が生まれています。将来的には、大手電力会社同士で合併や吸収などが起きても不思議ではありません。

また、関西電力など原発への依存度の高い電力会社は、原発停止などによって経営的に厳しくなっています。今後、多くの契約者が新電力会社に切り替えるようなことがあれば、財政的な基盤が揺らぐ可能性も出てきます。

何より大きな変化は、消費者の意向を気にする必要が出てきたことです。地域独占が許されてきた大手電力会社は、まるで地方の大名のような圧倒的な存在として、一般の消費者の意見など気にしてきませんでした。でも今後は同じような態度をとっていたら、顧客が減ってしまうことになります。消費者の側としても、これまでのような受身の姿勢ではなく、積極的に電力会社に意見を言っていくことでその体質を変えていくような、新しい関係性を築いていける可能性が出てきました。

② エネルギー系（ガス、石油関連）

ガス会社や石油会社などのエネルギー系企業は、電力小売事業に参入する条件が整っています。もともと自社で発電所を所有していたり、大口の企業向けに電力小売を手がけている会社が多いからです。また、ガス会社はガスの供給を通じて一般家庭とのつながりがあること、石油会社はガソリン販売を通じて顧客とつながる窓口が多いことも強みになります。そしていずれも、電気を契約すればガスやガソリンとのセット割引というプランを設定することが可能です。

２０１６年４月末時点で、大手電力会社から最も多くの人が切り替えた小売会社が東京ガスです（5月9日時点で30万件を突破）。ガスと電気をセットにする割引だけでなく、水回りやカギのトラブル対処など、生活まわりの駆けつけサービスも加えて、お得なプランとなっています。消費者にとっては日頃からガスを供給しているという安心感もあり、「東京電力から早く切り替えたい」「原発の電気を買いたくない」と考える人たちの受け皿にもなりました。

確かに東京ガスは原発を所有していませんが、東京ガスが供給する電気が環境的にクリーンかどうかについては議論もあります。東京ガスは、大手電力会社の一つである東北電力と提携しています。東北電力の所有する女川原発や東通原発などは今は停止中ですが、将来的には稼働する可能性があります。

また東京ガスは、九州電力や出光興産などと共同で千葉県に巨大な石炭火力発電所を建設する予定です（詳しくは4章）。東京ガスとの契約を考える場合は、こうした発電所がどうなるかについて注目してみましょう。

東京ガスに次いで人気の新電力会社は、石油大手「ＪＸエネルギー」の「ＥＮＥＯＳでんき」です。ＥＮＥＯＳで入れるガソリンが割引になるサービスは、車をよく使う家庭にはメリットになります。主に自社の持つ石油や天然ガスなどを燃料とした発電所から電力を供給しています。

これらの企業は、ガスや石油といった主力製品以外にも幅を広げるために、電力事業に参加したという面があります。注目したいのは２０１７年４月に、電気と同じように都市ガスも小売部門が自由化されることです。ガスも、複数の小売会社から選べるようになるのです。そうなると、今度は電力会社がガスの小売事業に参入するとされています。

都市ガスのトップ３社は、関東の東京ガス、関西の大阪ガス、中部の東邦ガスですが、いずれも今回の電力小売自由化に参入しています。その背景には、ガス自由化によって今度は電力会社がガスの小売事業に乗り出し、シェアを奪われるのではという危機感が働いているようです。実際、日本で最も天然ガスを輸入している業者の1位と2位は、ガス会社ではなく東京電力と中部電力です。電力会社は火力発電用の燃料としてガスを大量に輸入しているため、すでに供給力は十分にあり、ガス会社を脅かす存在になる可能性があります。また、今後はそれぞれの得意分野を活かすため、大手電力会社とガス会社が合併して、総合エネルギー企業になっていくケースが出てくるかもしれません。

③　通信系（電話、インターネット関連）

携帯電話各社は、日頃から顧客を増やすために激しい競争をくり広げています。電力事業に参入した理由も、電気と電話のセット割引を増やすことで、本業の通信事業に囲い込もうというのが狙いです。ただ多くの会社は自前で大型発電所をもっていないため、大手電力会社と提携してその電気を小売する形が主流になっています。

ＫＤＤＩ（ａｕでんき）は小売電気事業者には登録しているものの、関西では関西電力、中国地方では中国電力など、営業する地域の大手電力会社と提携しています。ソフトバンクは小売電気事業者としては登録せず、東京電力の電気を販売する代理店として動いています。つまりブランドは独自のものでも、電気の中身は既存の電力会社のものをそのまま売っているのです。特にソフトバンクから電気を買うと、東京電力の新プランに切り替えただけになるので注意が必要です。

ＮＴＴは立ち位置が違います。ＮＴＴグループには、東京ガスや大阪ガスと提携して２０００年に設立したエネットという新電力会社があります。企業など大口の顧客向けに電力供給を行ってきたエネットは、新電力会社の中では最も大きな会社です。エネットは、低圧小売については小規模な事業所や飲食店など法人向けのみを供給し、一般家庭向けにはパートナー企業である東京ガスや大阪ガスを紹介する形をとっています。

なお、グループ企業にはＮＴＴファシリティーズというエネルギー部門の会社があり、複数の新電力会社の需給調整部門を引き受けるなど、これまで培ったノウハウを活かして事業を展開しています。

ケーブルテレビ会社としては、ジュピターテレコム（Ｊ：ＣＯＭ電力）が参入、ケーブルテレビやインターネットとのセット割引を打ち出しています。電力は、住友商事グループの新電力会社「サミットエナジー」と提携して調達しています。

インターネット通販大手の楽天は、「楽天エナジー」を設立して、「電力見える化サービス」や楽天スーパーポイントと連携したサービスなどを行っています。電力はＬＰガス事業者が立ち上げた新電力会社「クレアールエナジー」から調達しています。

次に紹介する異業種系とも通じる話ですが、通信系企業は大手電力会社や既存の新電力会社と提携しているケースがほとんどなので、切り替える前に、その小売会社がどこと提携して、どんな電気を調達しているのかについて確認した方がいいでしょう。

④　異業種系（コンビニ、交通、旅行など）

日頃から顧客とつながっている業種は、通信系の企業だけではありません。会員制度やポイント制度などをもつさまざまな企業も、電力事業に参入しています。

これまでも企業向けの電力小売事業を進めてきた三菱商事は、コンビニ大手のローソンと提携して「MCリテールエナジー」（まちエネ）を設立。ローソンの店舗などを通じて、家庭向け小売事業を始めています。支払った電気代に応じて提携企業で使える「Ｐｏｎｔａポイント」がたまる仕組みになっています。電力は、三菱商事と中部電力が共同で出資して作った新電力会社「ダイヤモンドパワー」から調達します。

東急電鉄の100％子会社である「東急パワーサプライ」（東急でんき）は、他社の発電所と直接契約して安く電力を調達することで、東京電力のプランより5％の割引サービスに加え、電車と電気のセット割引を行っています。営業はケーブルテレビ各社と提携しながら、東急線沿線で顧客を増やしています。

旅行会社のエイチ・アイ・エスは、グループ企業であるハウステンボスが運営する「ＨＴＢエナジー」の電力を販売。こちらも従来の電力会社から5％の割引を保証しつつ、電気と旅行を同時に申し込むことで旅行代金の割引も行っています。

図4　自治体が設立した新電力会社

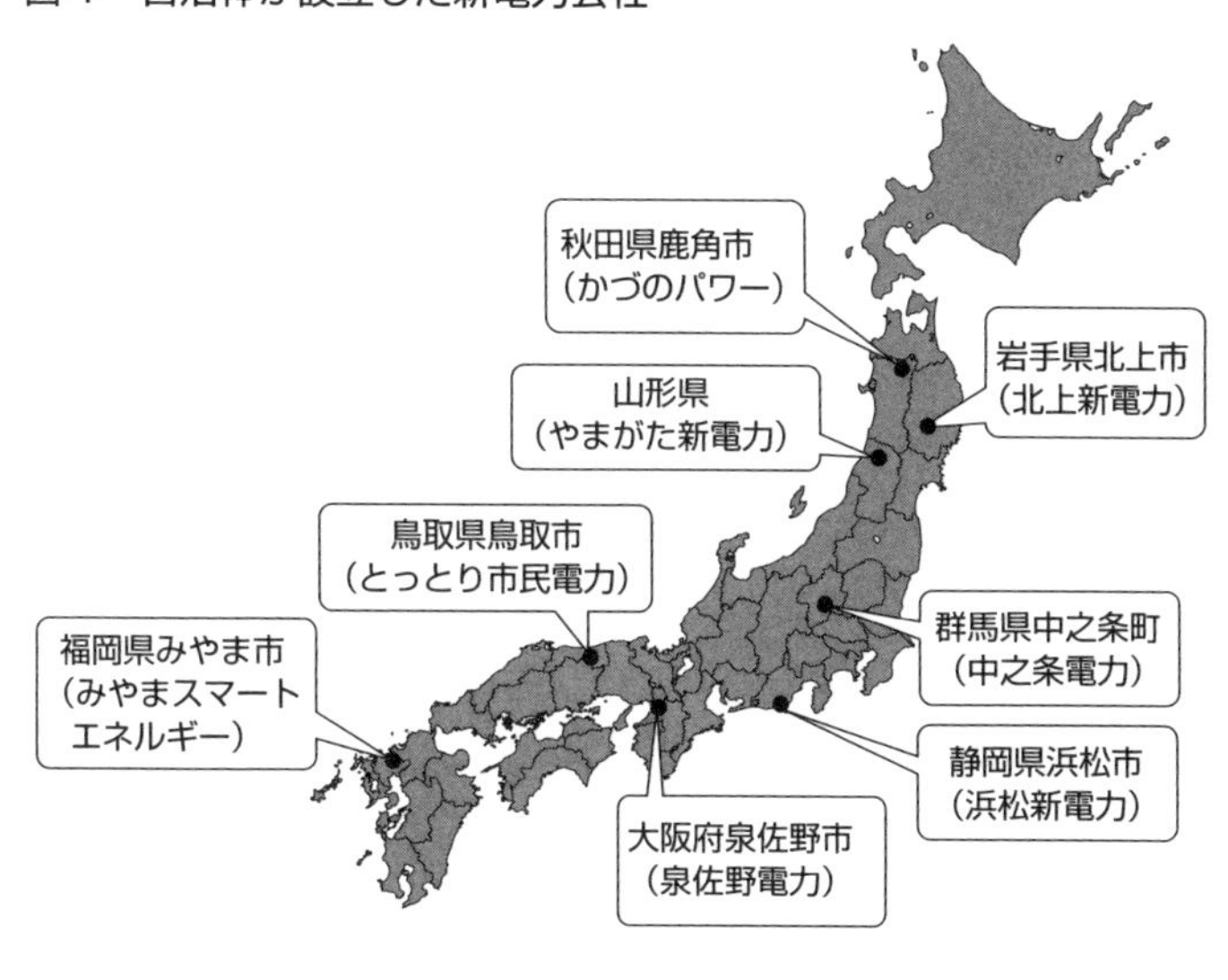

電気という商品の中身そのものは、他の企業の電気と差がつけられません。価格を下げるにしても限界があります。そのため、各社はセット割引やポイント付与、本業のサービスと掛け合わせた個性的なプランなどを打ち出しています。このような企業にとって、電気という商品は本業で稼ぐためのツールとして使われています。

⑤　地域&自治体系

これから紹介する「地域&自治体系」と「生協&自然エネルギー系」の取り組みは、これまで紹介した電力会社による「価格やサービス」で付加価値をつけるのとはちがう方法で、電力小売事業に挑んでいます。

まずは地域をベースにした新電力会社です。

中之条町が建設した沢渡温泉第一発電所

主に「電気の地産地消」を掲げる地元企業や自治体が出資しています。市町村がかかわるものとしては福岡県みやま市（みやまスマートエネルギー）、群馬県中之条町（中之条電力）、静岡県浜松市（浜松新電力）などがあります（図4参照）。その中で、一般家庭が契約できる低圧電力を供給している会社は2016年5月現在はまだ限られています。

こうした取り組みの狙いは、地域資源である太陽光や風力を活かして発電した電気を、地域内で循環させ、地域の自立を促そうというものです。これはエネルギーの地産地消と呼ばれています。また、地域のエネルギー自給率を高めることで、災害時の備えにもなります。地域に立ち上がった新電力会社の多くは、自然エネルギーを電源の中心にしようとしています。

欧米では、自治体などが地域に根ざした電力事業を営むことはめずらしくありません。その動きが日本でも出てきたことは注目に値します。くわしくは6章で紹介します。

⑥　生協&自然エネルギー系

自然エネルギーにこだわって、販売していこうとする新電力会社です。このカテゴリーの新電力会社の特徴は、「⑤地域&自治体系」とは異なって、地域にはあまりこだわっていないことです。電源そのものも各地から幅広く調達して、販売先も東京電力や関西電力管内など広いエリアを対象にしています。

大手電力会社から自然エネルギーの電気に切り替えたいと望む消費者は、一定の割合で存在しています。その中には、電気代が少々高くなってもかまわないと考える人たちもいます。しかし都市部では、「自分の地域で発電した電気を使おう」と思っても十分な発電設備がない場合がほとんどです。そのため、地方で作られた自然エネルギーの電気を都市部に調達するような取り組みが求められています。

この分野では、「みんな電力」や「Ｌｏｏｏｐ（ループ）」など、東日本大震災をきっかけに誕生した新電力会社が活発に活動しています。また「生活クラブ」（生活クラブエナジー）や「パルシステム」（パルシステムでんき）など、生活協同組合（生協）が立ち上げた新電力会社もあります。これまで食品の産地直送や共同購入を通じて、安心、安全な暮らしをめざしてきた生協が、今度はエネルギーの共同購入を通じて、自然エネルギーを増やしていこうというのです。こうした取り組みは7章で説明しています。

選ぶことで何が変わるのか?

電気は、会社を選ぶだけですぐにわかりやすい変化が起きる商品ではありません。例えば、「有機野菜を選ぶようになってから健康になった」というような直接的な変化はないからです。それでも、間接的な変化につなげることは可能です。自分が評価する地域や企業の取り組みに賛同して、選択するということは、具体的にお金の流れを変えることを意味します。また、従来の電力会社の姿勢に対して意思表示をすることもできます。選べるようになった意味は、そこにあります。

一般の消費者にとっても大きな変化です。これまでは電気のことなど、考えても仕方のないことだったかもしれません。しかし、これからは受け身だった態度を改め、積極的に参加して意見を言っていく時代になりました。

電力自由化が始まったからといって、すぐに何かが変わるわけではありませんが、問題だらけの電力会社の体制やこの国の電力システムのあり方を、長い時間をかけて変えていく扉が開かれたということは確かです。

2章　電力自由化ってなんだろう？

電力自由化＝「選べること」ではない

2章では、そもそも電力自由化とは何か、なぜ今行われることになったのかについて、日本の電力をめぐる歴史と合わせて紹介します。

電力自由化は、電力の流通システムの話なので、一般人にはなじみのない専門的な話が中心となります。その中で一般の人にとって最もわかりやすい変化は、1章で紹介した「電力会社を選べる」ということです。でもそれは全体の変革の中の一部でしかありません。電力自由化を行う最大の目的は、「消費者が電力会社を選べるようになること」ではないのです。

また「一般家庭の電気代を安くすること」が目的でもありません。自由化すれば必ず安くなるわけではないからです。また、省エネの動機づけをするという意味からは、必ずしも電気代が安くなることが社会的に良いこととは言えないという面もあります。私たちの社会とエネルギーとの関係は、いろいろな角度から問いなおしていく必要がありそうです。

にもかかわらず、電力自由化をめぐる報道の多くは、「どこが安いのか」という話題ばかりが強調されてしまい、「何のために自由化するのか」とか「社会にとってどんな意味があるのか」という本質的な話が抜け落ちています。では一体何のために、電力にまつわる制度変更が行われるのでしょうか？

電力自由化は何のため？

電力にまつわる制度を総称して、「電力システム」と呼びます。電力小売自由化は単独で行われたわけではなく、そのシステム全体のあり方を見直す「電力システム改革」の一部として行われました。電力システム改革が行われた最大の理由は、「独占体制から、フェアでオープンなシステムに切り替えること」です。ポイントとなるのは、効率性、透明性、公平性を高めることです。

日本では、長期間にわたって大手電力会社が独占体制を続けたことで、電力システムがとても非効率で、透明性が低く、不公平な仕組みになってしまいました。欧米はおよそ20年前から本格的な電力システム改革に取り組み、効率的な電力の運用をめざして経験を積んできましたが、日本は遅れたシステムのままやってきたのです。遅れたシステムのままだと、最終的には私たち消費者が無駄な費用を支払ったり、無用のリスクを抱えたりすることにもつながります。電力システム改革は、それを改善していこうという動きなのです。

日本の電力システムは、具体的にどのような仕組みで成り立っていて、どのように変わろうとしているのでしょうか？　地域独占体制になった歴史的な経緯や、それによって生じた問題点についても見ていきます。

電気が家庭に届くまで

「電力システム」とは、電気が作られてから私たちの家庭に届くまでの一連の流れをさしています。その電力システムは、大きく分けて「発電」、「送配電」、「小売」という3つの部門で成り立っています。まずは「発電」です。火力や原子力、自然エネルギーなど、さまざまな種類の発電所で電気を作ります。

「送配電」では、発電所から送電線と配電線を通じて電気を消費するところまで届けます。送配電線は、日本全国に網の目のように張り巡らされているので、システムの話で登場するときは「送配電網」と呼ばれています。プロセスとしては、電気は発電所から送電網を通じていくつもの変電所を通り、少しずつ段階的に電圧が下げられていきます。そして配電網を通って高圧の電気は工場やビルへ、低圧の電気は一般家庭に届けられることになります。[※1]

図５　電気の物理的な流れはこれまでと同じ

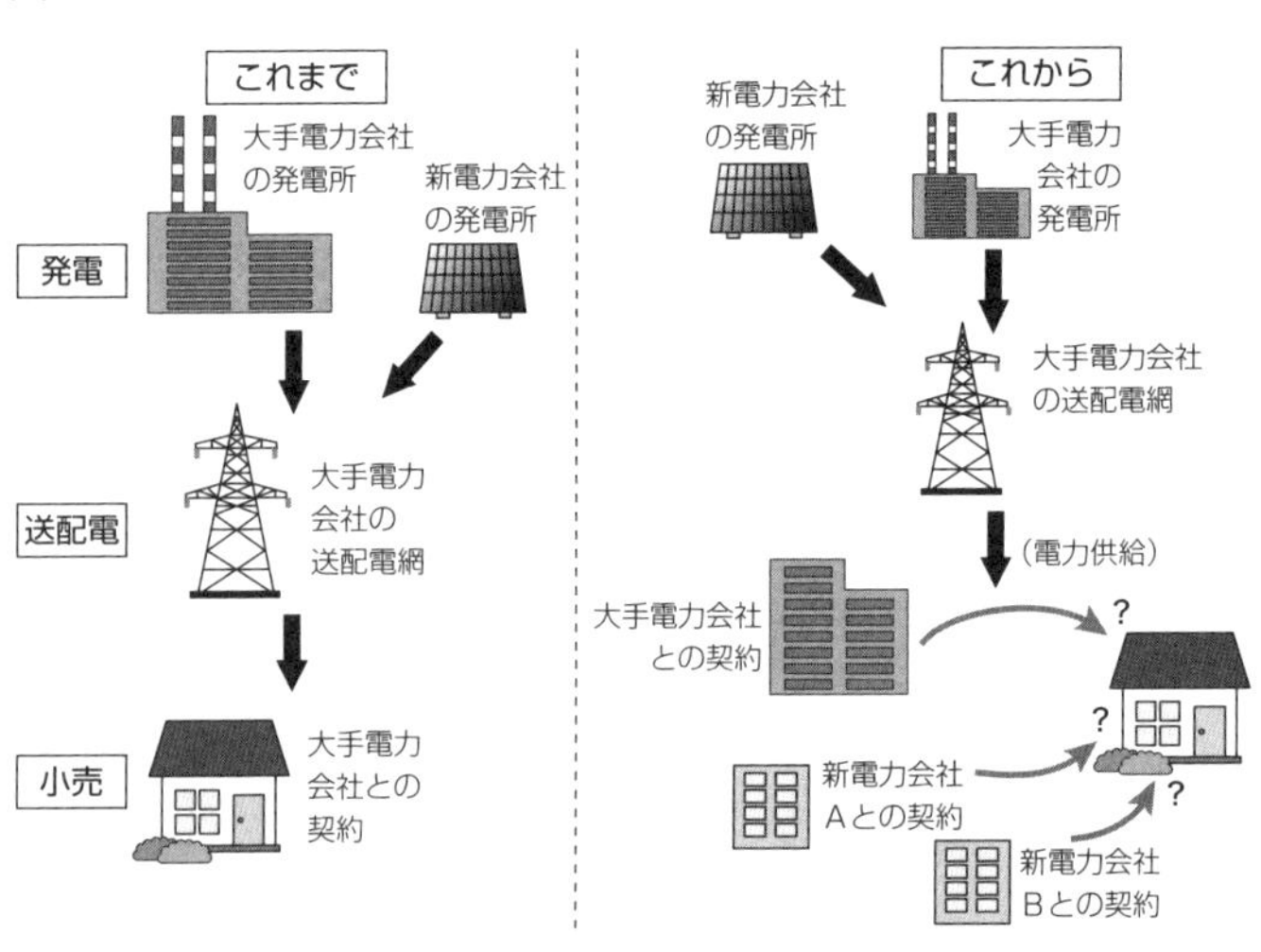

これからは、電気を使う側が契約する会社を選べるようになった。

「小売」は、家庭や工場と契約して電気を販売することですが、「発電」と「送配電」という物理的な流れと、商品として取引される「小売」の流れとは分けて考える必要があります。たとえばインターネットで商品を注文する場合を考えてみます。商品を家に届けてくれるのは宅配業者ですが、その商品の代金は宅配業者ではなく、商品を扱う小売会社に支払われます。宅配業者の配送料は、小売会社が代金の一部から支払うことになります。送配電と小売の関係も、それと同じようなものだと考えてください。

目で見える商品は、「生産」「流通」「小売」という3つの流れをたどってわたしたちの手元に届いていますが、電気も同様に、「発電」、「送配電」、「小売」という流れで家庭に届けられています。2016年3月までは、その

3部門すべてを一部の例外を除いて、地域ごとに独占を許された大手電力会社10社が担ってきました。しかし「電力システム改革」によってそれが変わることになりました。

3部門の中で最も早く、1995年に自由化されたのが発電部門です。さらに小売部門も2000年から大規模工場向けに自由化が始まりました。そして、2016年4月に一般家庭向けもふくめて全面自由化されたということになります。これが現在「電力自由化」と呼ばれているものです。

送配電部門はまだ大手電力会社が独占していますが、2020年までには発電会社と送配電会社を分ける「発送電分離（はっそうでんぶんり）」が実施されることになっています。※2 以上の「発電部門の自由化」「小売部門の自由化」「発送電分離」をふくむ、送配電網の利用ルールの変更などをあわせて、「電力システム改革」と呼びます。

※1　送電と配電について大きく分けると、発電所から変電所までの部分が送電網で、変電所から企業や家庭などに電気をとどける部分が配電網になる。本書では一括して「送配電網」として説明している。
※2　「発送電分離」には、いくつかの段階がある。日本は、同じグループ企業の持株会社のもとで分社化する「法的分離」と呼ばれるスタイルをとる。一方、欧州では完全に別会社となる「所有権分離」と呼ばれるスタイルが一般的になっている。このちがいについては、4章で解説している。

どんな電気も送電網でまざる

送配電網を流れる「電気という商品」には、他の商品にはない特徴があります。1章では電力自由化によって、「電源の種類を選べるようになった」という話をしました。しかし、自然エネルギーの電気を売っている小売会社と契約したからといって、その設備で発電された電気が直接、家庭に流れるわけではありません。

売り買いする対象が野菜であれば、その流れは誰にでもわかります。インターネットで有機野菜を注文すると、生産者から野菜を購入した小売会社が、宅配業者を通じて家庭に届けてくれます。

これに対して電気は、電力会社を切り替えたところで、物理的に届く電気はいままでと同じものです。電気は発電所の近くの消費地から使われていきます。東京の一戸建てに住むAさんが、北海道の風車で作った電気を販売する小売会社B社と契約しても、風車の電気そのものはAさんの家庭には届きません。では、「自然エネルギーを売っている」というB社はウソをついているのでしょうか？　そういうことにはなりません。

どんな発電設備で作った電気も、どこかにとどけるためには必ず送配電網の中に入ります。送配電網と電気との関係は、水の入ったプールにたとえられます。どんなところからもってきた水

図６　送電網は大きな調整プール

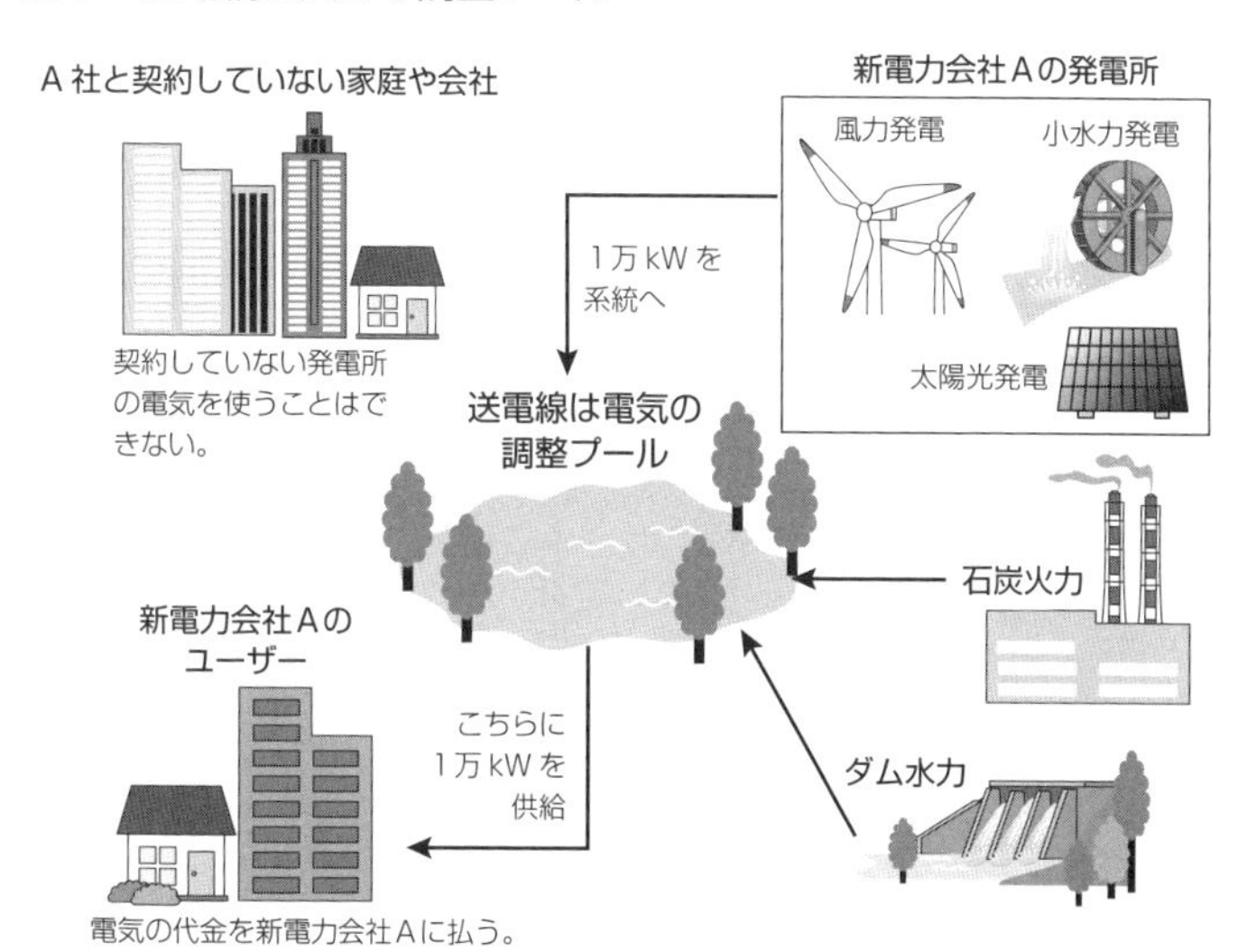

（竹村英明氏作成の図をもとに作図）

でも、プールで混ぜてしまえばもうどこの水かという区別はつきません。電気も同じで、いろいろな発電設備で作られた電気が送配電網に入ると他の電気と混ざり、その時点でどれが自然エネルギーの電気かという区別は、物理的にはつかなくなります。

そしてその電気は、入り込んだ送配電網から近い場所で消費されていきます。送配電網を伝って遠くに送れば送るほど送電ロスになって消えてしまう電気が増えるので、このように運用するほうが効率的なのです。北海道の風車で作られた電気は、送配電網を移動しながら東京につくまでに他の場所で消費されていきます。もちろん、無駄になっているわけではありません。

全体の需要と供給の調整は、プールのような送配電網で行われています。プール全体で消費する水の量と、注がれる水の量が同じであれば、需要と供給の調整がうまくいっていることになります。電気は水とちがって送配電網に貯めておくことはできませんが、1万キロワット時の電力が消費されているときに、発電所が1万キロワット時の電気を送配電網に供給していれば、プラスマイナスは出ませんから、需給調整がうまくいっていることになります[※]。このように送配電網を通じて電力の需要と供給を調整することを「系統運用（けいとううんよう）」と呼びます。

小売会社が電気を売買するときは、まずこの需要と供給のバランスがうまくいくよう計画を立てます。そして北海道の風車から電力を買い、東京の家庭に同じ量の電気を売る契約を行います。すると、データ上ではその会社と契約した東京の家庭は、北海道の風車の電気を使用したことになるのです。

※　日本には、揚水（ようすい）発電所という巨大な蓄電池代わりになる設備がある。揚水発電所は、山の上の方と下の方とに2つのダム湖をつくり、電気が余った時間帯に水を上に汲み上げ、電気が足りない時間帯に水を下に流して発電する仕組みになっている。このような発電所は日本国内に40カ所以上設けられ、総出力は原発20基分をはるかに上回る2600万キロワットという世界最大規模のものになる。しかし、現状では設備稼働率が全国平均で3％（2013年度）程度とあまり活用されていない。近い将来、自然エネルギーの変動を調整する役割が期待されている。

「きれいなお金」と「汚いお金」

ここまでの説明では、「なんだかバーチャルなので騙されているみたい」と感じる人もいるかもしれません。では、この電気の流れをお金にたとえてみましょう。東京の銀行に入金したお金を、大阪のＡＴＭで引き出したとします。そのお金は自分のものですが、物理的な紙幣としてはまったく別のものです。データ上で自分のお金として記録されているので、物理的な流れとは関係なく使えるのです。これを「なんだか自分のお金じゃないみたいだから怖くて使えない」と思うでしょうか？

なお物理的な紙幣は、どんな形で手に入れたお金であっても金銭的には同じ価値をもっています。たとえばまじめに稼いだ1万円でも、犯罪を犯して得た1万円でも同じ価値をもっています。でも社会的には「ちゃんとしたお金」と「汚いお金」というちがいがあるはずです。

電気もそれと同じで、環境負荷の少ない設備で生まれた電気を購入するのか、逆に原発や石炭火力など、環境を汚す設備で作った電気を購入するのかで、物理的な電気の流れは同じでも、社会的な価値はちがってくるのではないでしょうか？

「物理的な電気の流れ」と、「商品としてやりとりする電気」とを分けて考える必要があるというのは、そういうことです。「商品としてやりとりする電気」では、株式市場と同じように市場

図7　電気の物理的な流れと商品としての流れ

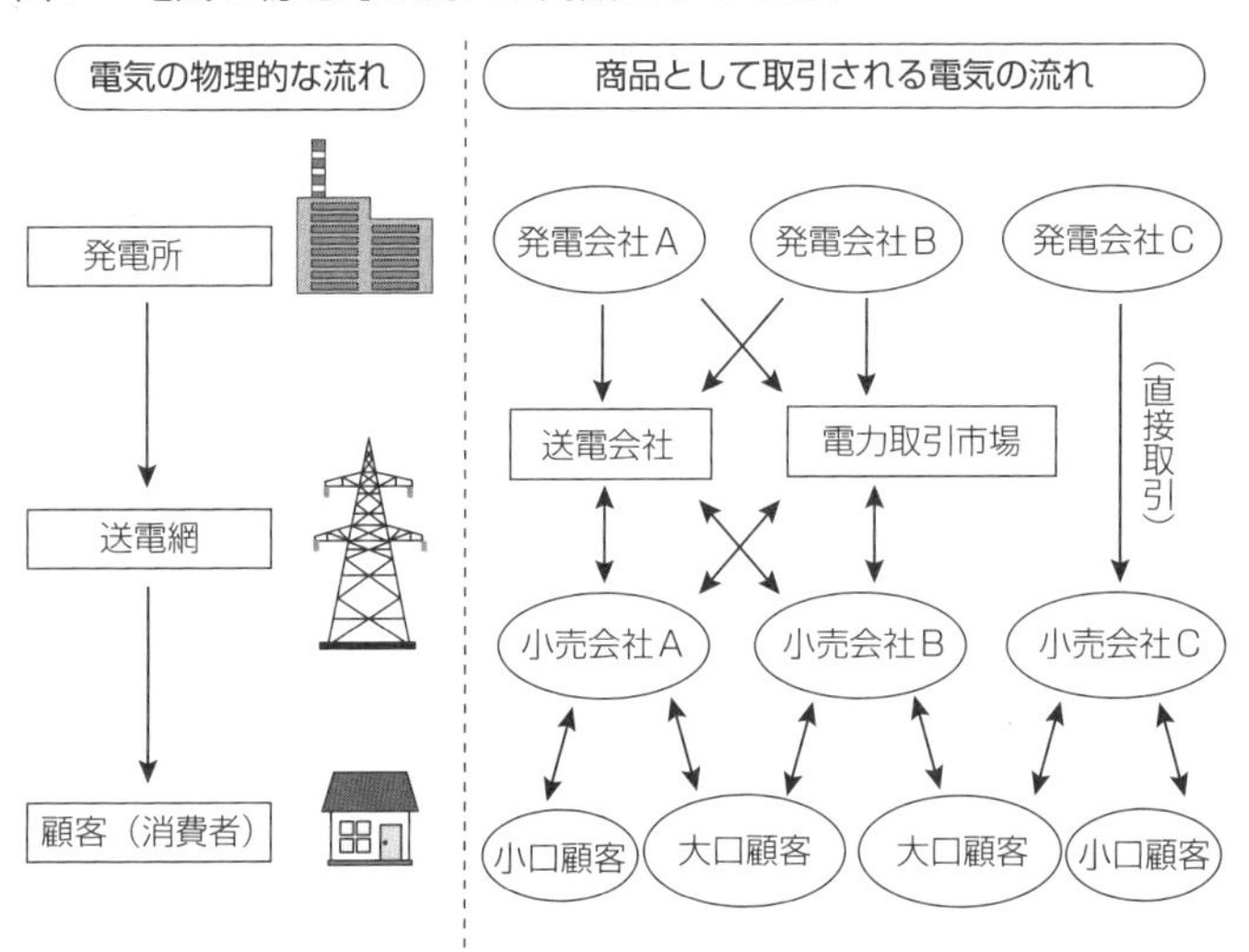

での取引が行われています。図7を見てください。物理的な電気の流れ（左）と、取引する商品としての電気の流れ（右）は、このようにちがっています。

このちがいを理解しておくことは重要です。契約を切り替えた新電力会社の発電所が故障しても停電にならない理由は、物理的な電気の流れが変わらないからです。また、物理的には送配電網ですべての発電所で作った電気が混ざってしまうのに、「自然エネルギーの電気を買う」ことが可能になるのは、「商品としてやりとりする電気」の流通が機能しているから、ということになります。

電力の日本史①——電力会社が乱立した

日本の電力事業はどのような経緯で、地域

独占体制になったのでしょうか。その歴史を振り返ります。

日本で電力事業が誕生したのは、明治維新以降のことです。世界で初めて照明を発明したエジソンが、電力会社（エジソン電灯会社）の営業を始めるのが１８８２年です。日本発の電力会社となった東京電燈の創業は１８８６年（明治19年）ですから、日本に電気が入ってくるのは、世界的にみても早かったと言えるでしょう。

その翌年には、名古屋、神戸、京都、大阪などでも次々と電灯会社が設立。またたくまに全国に広がっていきました。最盛期の昭和初期には、電気事業を営む団体は８００を越えるほどに増えていきます。その中には、自治体が電気事業を営む例もありました。特に人口の多い都市部では、電力会社同士による激しいシェア争いが起きるようになります。

一方で、当時の電力会社は完全に営利主義だったため、もうからないところには送電線をつなぎません。国のルールも定まっていなかったので、採算の合わない農山村には電気が送られませんでした。そこで農山村の人々自らで電気を利用するための協同組合を設立し、発電や配電事業を担うようになった地域もあります（６章）。

当初、電気の使い道はほとんどが照明（白熱電球）です。電気が来るまでは照明用に石油ランプが使われていましたが、火災になることも多く、安全な電気が求められていました。初期の電力会社が、電灯（電燈）会社と名乗っていたのはそのためです。

明治末期から大正（１９１２年～）にかけて、電気の役割も照明以外の用途に広がり、石炭が担っていた鉄道や機械の動力としても使われるようになります。電力会社間の合併や買収が相次ぎ、東京電燈、東邦電力など5大電力会社が力を持つようになったのもこの頃です。

特に第一次世界大戦（1914年～1918年）以降は、大戦で荒廃したヨーロッパの生産拠点として、日本で製鉄や機械工業が盛んになります。その動力として、大規模な発電所が次々と作られました。当時の発電設備はほとんどが石炭火力発電所と、水力発電所でした。

電力の日本史②――戦争によって国家が統合

電力事業が大きく変化したのは、日中戦争が行われていた最中の1938年（昭和13年）のことです。政府は戦争のためにあらゆる資源を動員する「国家総動員法」を制定します。その流れで、電力を国が一括管理する「電力管理法」を制定、翌年には国策会社である「日本発送電（日発）」が設立されます。電気事業者は日発に統合され、その指揮下で全国を9のブロックに分けて配電を行う体制になります。これが現在の大手電力会社の地域割りの元となったとされています。

1945年に日本が戦争に敗れると、連合国司令部（GHQ）は巨大な力を持つ日発の解体を命じました。その後、日本の電力事業をどうするのかという激論が交わされましたが、最終的にGHQが同意したのが、全国を9のブロックに分けてそれぞれに民間の電力会社を置き、各電力

図8　大手電力会社の供給エリア

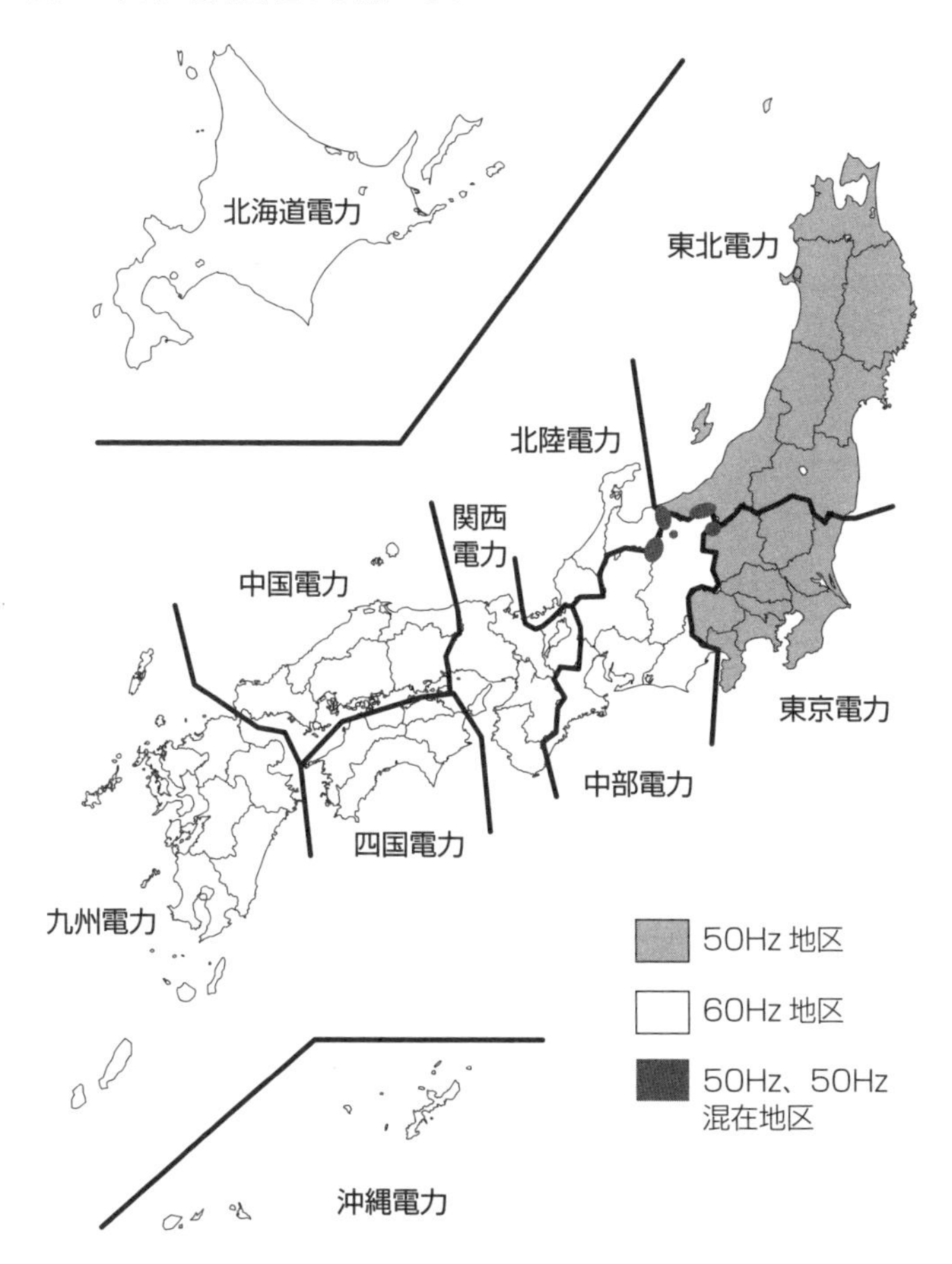

会社が発電から小売までを独占的に行う現在の体制でした。

戦後の混乱する社会の中で、日本の産業を支える電力を安定的に供給するため、民間企業に独占権を与え、知恵と力を活用するという方針でした。また、戦前のルールがなかった時代のような地域間格差をなくそうという狙いもありました。

こうして1951年から「九電力体制」が始まります。九電力とは、北から北海道、東北、北陸、東京、中部、関西、中国、四国、九州という地域名をつけた9つの電力会社のことです。1972年に沖縄が米国から返還されると、沖縄電力を加えた10社による体制になります。ただ、戦後の電力事業を説明する上では、その後も「九電力体制」という名称が使われてきました。

この1951年から続いた九電力体制は、2016年4月の電力小売全面自由化の開始によって終わりを迎えることになりそうです。もちろん、まだ送配電網を所有しているといったことなどから、完全に終わったわけではありません。しかし、制度としては地域独占を前提とした体制が切り替わることになったのです。

安定供給のための「地域独占」

九電力体制の最大の特徴は、地域独占です。「電力を安定供給する」という役割を果たすため、定められたエリアで電気事業の3部門「発電」「送配電」「小売」のすべてを同じ会社が担ってきました。それを「垂直一貫体制（すいちょくいっかんたいせい）」と呼びます※。

大手電力会社は、民間企業でありながら独占権を与えられているため、市場競争にさらされることがない、という特殊な状況で優遇されてきました。日本が戦後の復興から高度成長時代に入る時代、「競争がない」というメリットは最大限に活かされました。全国に工場が増え、家庭にも電化製品が次々に増えていく中で、日本の消費電力はうなぎ上りに増加しました。その電力需要に対応するために、大型の発電所が必要となりました。

発電所を作るためには、巨額の初期投資が必要です。もし厳しい市場競争にさらされていたら、長期的視点に立った初期投資ができなかったかもしれません。しかし、電力会社は競争がなかったことで、次々と巨大な発電所を建設することができました。企業が電気をどれだけ使っても安定供給を続けてきたという意味では戦後の日本の経済成長を支えてきた面があることは確かです。

大手電力会社には、地域独占であることによる責任も生じました。日本に電力が入り始めた頃のように、もうからないからといって、農山村や離島に送電しないとか、高い料金を支払わせるというようなことがあってはたまりません。法律上、そのような地域にも同じ料金でサービスを提供するよう定められました。また、独占だからといって電気料金を不当に上げることのないよう、電気料金は国の認可制になりました。

※　厳密に言えば、送配電と小売については地域ごとに分かれているものの、発電についてはこのエリア分けとは一致していない。東京電力が、東北電力のエリアである福島や新潟に原子力発電を所有するなど、消費量が多い都市部のた

めに、電気を生産するのに適した地域で発電する仕組みは、全国的に活用されてきた。また発電部門については電源開発（Ｊパワー）や、日本原子力発電などの事業者、あるいは自治体が所有するダム式の水力発電などが存在してきた。しかしいずれも送配電、小売部門は九電力会社が独占してきたため、発電した電気の販売先には選択肢がない状態が続いていた。

地域独占が生んだ問題

しかし地域独占が長く続くことによって、さまざまな弊害が生まれました。大手電力会社が、各地域の経済界などで圧倒的な存在感を示してきた理由も、絶対に損をすることがない企業だからです。また電力会社は官僚の天下り先として、国に対しても影響力を発揮するようになっていきました。

電力システムに目を向ければ、非効率な仕組みで運営していました。各電力会社は他のエリアと電力のやり取りをせず、自分たちのエリアで必要な電力はできる限り自分たちが調達するという方針を貫いてきました。しかしその方針は大きな損失を生み出していました。

たとえば東北電力管内では電気が余っているのに、東京電力管内では電気が足りないというようなケースで考えてみましょう。そのような場合、東京電力の電力不足を解消する一番合理的な方法は、東北電力の電気を東京に送ることです。でも２０１１年に東日本大震災が起きるまで、電力会社はそうした努力をしてきませんでした。

図9　地域間連系線

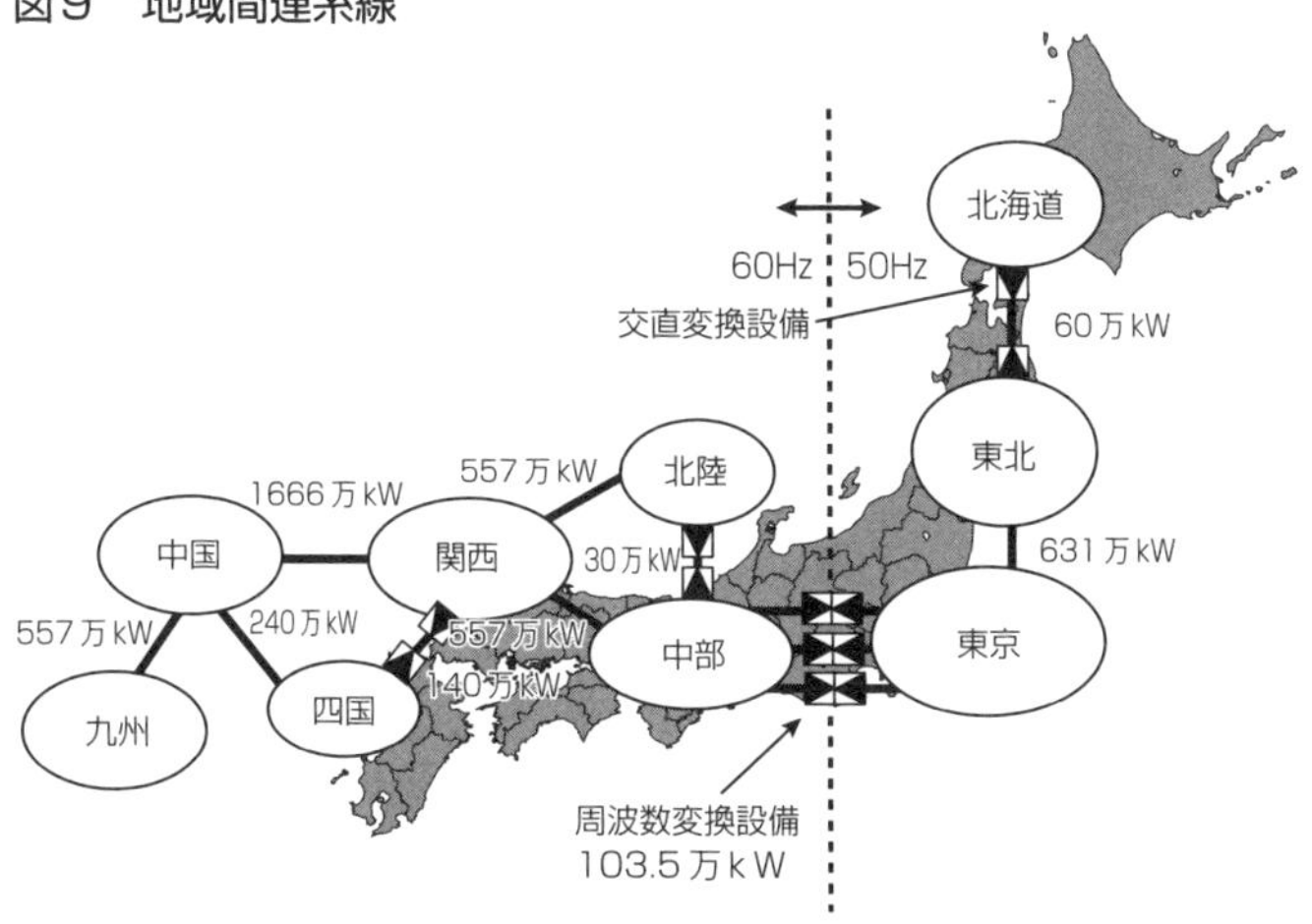

（2012年4月時点、電力システム改革専門委員会の資料より作図）

東京電力管内で電気が不足すれば、東京電力が自力で新たな発電所を作り、電力をまかなってきたのです。そのため、他の地域とやりとりできるようにしておけば建設する必要のなかった発電所が、次々とできていきました。後で述べるように、どれだけ設備投資をしても利益が出る仕組みや、それぞれの会社の既得権益をお互いが奪わないようにする習慣が、こうした非効率的なやり方を可能にしていたのです。

物理的には、他の地域と電力のやりとりをすることは可能です。地域と地域をつなぐ送電線を「地域間連系線」と呼びます。その連係線を、震災前はほとんど活用してきませんでした。

絶対に損をしない「総括原価方式」

電力会社を守ってきた制度は、競争にさらされ

図10　総括原価方式による電気料金の決め方

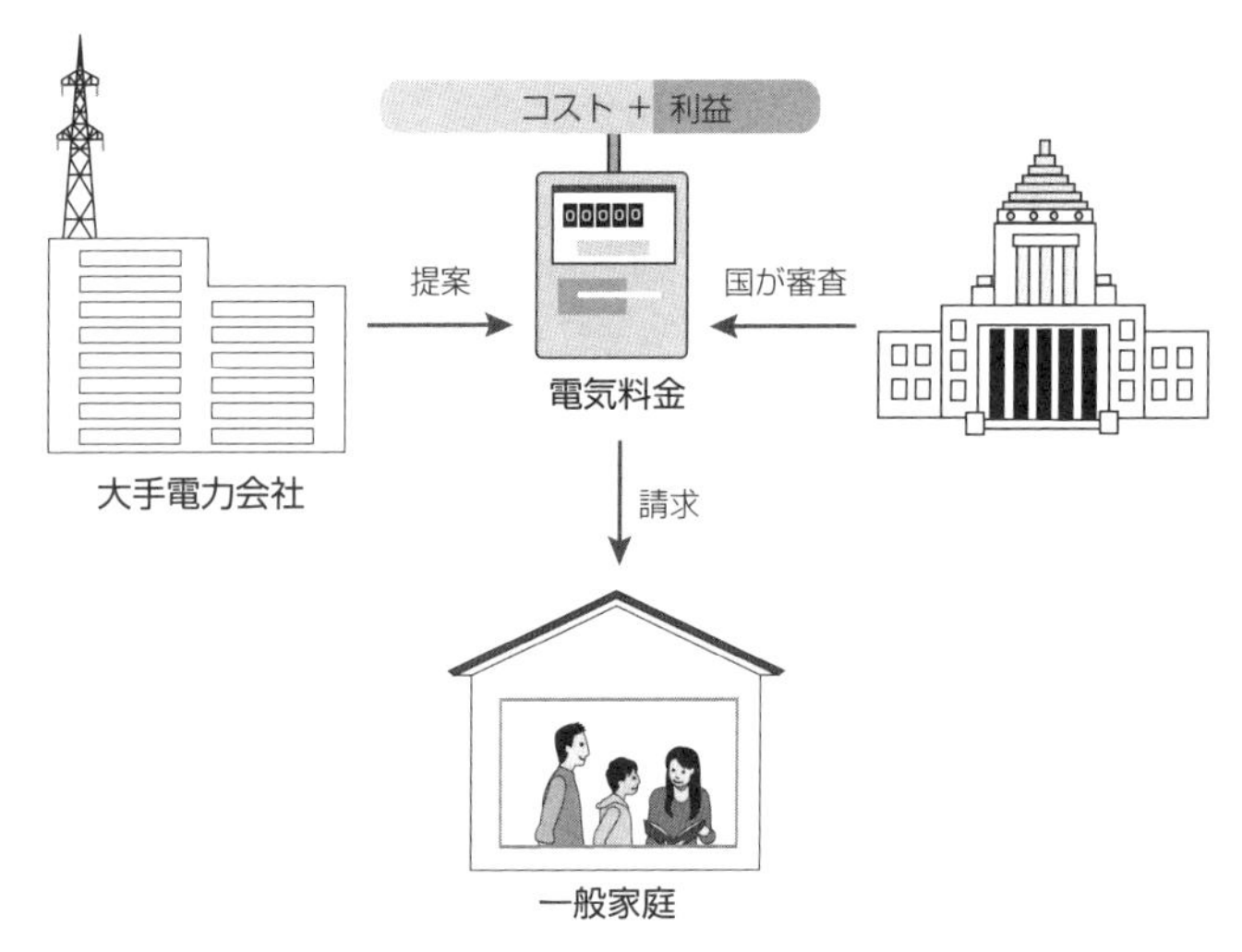

消費者は、電力会社が決めた価格で購入するしかない。

なかったことだけではありません。電力会社は、発電所の建設費や燃料費、人件費など事業にかかった必要経費に、一定の利益を上乗せして電気料金を決めることができることになっていました。それが「総括原価方式」という制度です。この制度により、電力会社はいくら投資しても絶対に損をしない不思議な会社になっていました。

そうなると民間企業では当たり前になっている「無駄をなくして効率的に資源を活かそう」という意識はなくなります。むしろ一定の割合の利益を高めるために、資産価値の大きな設備を作った方が良いというマインドになってきます。原子力発電所のような、莫大な資金を必要とする設備が次々と作られた背景には、このような理由もありました。

また海外から化石燃料を購入する際は、「燃料費調達制度」というものがあり、電気料金は燃料価格に連動して上げて良いことになっています。いくら高く買っても赤字の心配をする必要がないので、日本の電力会社は他の国に比べて高い価格で燃料を購入していたという実態があります※。

経済成長が右肩上がりの時代が終わり、低成長の時代に入ると、独占であることにあぐらをかき非効率的な運営を続ける電力会社の姿勢は、国からも問題視されるようになってきます。1999年の時点では、日本の電力料金は他の先進国よりも高いことが知られるようになりました。電力会社は、必要な電力需要をはるかに上回る発電設備を保有してからも、原発の建設を続けるなど、既得権益を拡大することに熱心でした。もはや国民が必要とする電気を供給する存在ではなく、自らの利権の維持を目的にして、不必要なほど多くの電気を作る存在になってしまったのです。

そのことは、社会全体の電力需要を減らそうと努力することなく、むしろ電気を使う分野を拡大する「オール電化住宅」などが、主に大手電力会社によって推進されてきたことにも表れています。また、既存の発電システムを維持するという観点からは、小規模な自然エネルギー設備は邪魔な存在として、導入に消極的な態度をとってきました。戦後の復興を目的に与えられた地域独占という特権のデメリットは、時代とともにどんどん大きくなっていきました。

※　たとえば２０１２年７月には、東京電力が、同子会社の「ＴＥＰＣＯトレーディング」と三菱商事が共同出資して設立した貿易会社「セルト社」から、火力発電用の液化天然ガス（オマーン産）を、米国が購入する価格のおよそ９倍で購入していたことが明らかになった。総括原価方式の下では、東電が燃料を高く購入するほど子会社と商社が利益を上げることになる。その支払いをさせられてきたのは電力の消費者だ。

3章　変わりはじめた電力システム

公益事業の「民営化」という流れ

　国内からの声だけでなく、米国など海外からの圧力も電力システム改革をあとおししました。米国は、日本で自国の企業が参入しやすくするために日本の電力分野の自由化を望んでいました。

　電気やガス、水道、あるいは道路や通信など、私たちの暮らしに欠かせないインフラを整備し、運営する事業を「公益事業」と呼びます。1980年代以降、国際的には公益事業が民営化される流れができました。日本でも1980年代半ばには、電話（電電公社からNTT）や電車（国鉄からJR）、などが民営化しています。この流れは、民間企業でありながら競争がなく、国に守られるという特殊な体制を維持してきた電力業界にもやってきます。

　公益事業を国が運営するのと、民間企業が行うのとではどちらが良いかは、一概には言いきれません。国がやると誰にでも平等に、低価格のサービスが行きとどく一方で、非効率な運営になりがちで、国家の赤字を膨らませてしまうことが多くなります。一方、民間企業になると積極的に無駄を省き、効率的な運営をすることで税金の投入を減らす効果がありますが、利益最優先に運営してしまうと、料金の値上げや弱者切り捨てなど弊害の方が多くなってしまいます。

大切なのはバランスで、効率的な運営を行いながら国民の大多数がメリットを受けられるような制度を作る必要があります。その視点で日本の大手電力会社のあり方を評価する場合、大きな課題があることがわかります。

東京電力をはじめとする10大電力会社は、民間企業とはいえ、地域独占と総括原価方式によって絶対に損をしないよう国から手厚く守られてきました。それは福島第一原発事故の後、東京電力が支払うべき10兆円を超える賠償金の大部分を国民の税金で補てんしたことにも現れています。普通の民間企業であればとっくに破綻していることでしょう。

大手電力会社は損をした分は国が補てんする一方で、収益を上げれば自分たちのものにしてきました。そのような体制は、「国営と民間企業の両方の悪い部分を合わせたような会社」と言われても仕方がありません。遅かれ早かれ、地域独占を前提とする日本の電力システムを改革すべき時期が来ていたのです。※

※　ただし、原発をめぐっては改革が進んでいるとは言えない。核燃料の再処理制度が保護されるなど、国と電力会社は一体となって電力自由化の下でも原発を維持する新しい仕組みを作っている。

「電力システム改革」の道のり

日本での電力システム改革についての議論は、１９９０年代半ばから始まりました。政府の担当機関は、電気事業を所轄する通商産業省（当時）です。２０１１年に東日本大震災が起きる以前は、改革は４段階で進んでいました。今回の電力小売自由化も、その流れの延長上にあるといっていいでしょう。順を追って説明します。

図11　段階的に進められてきた電力システム改革

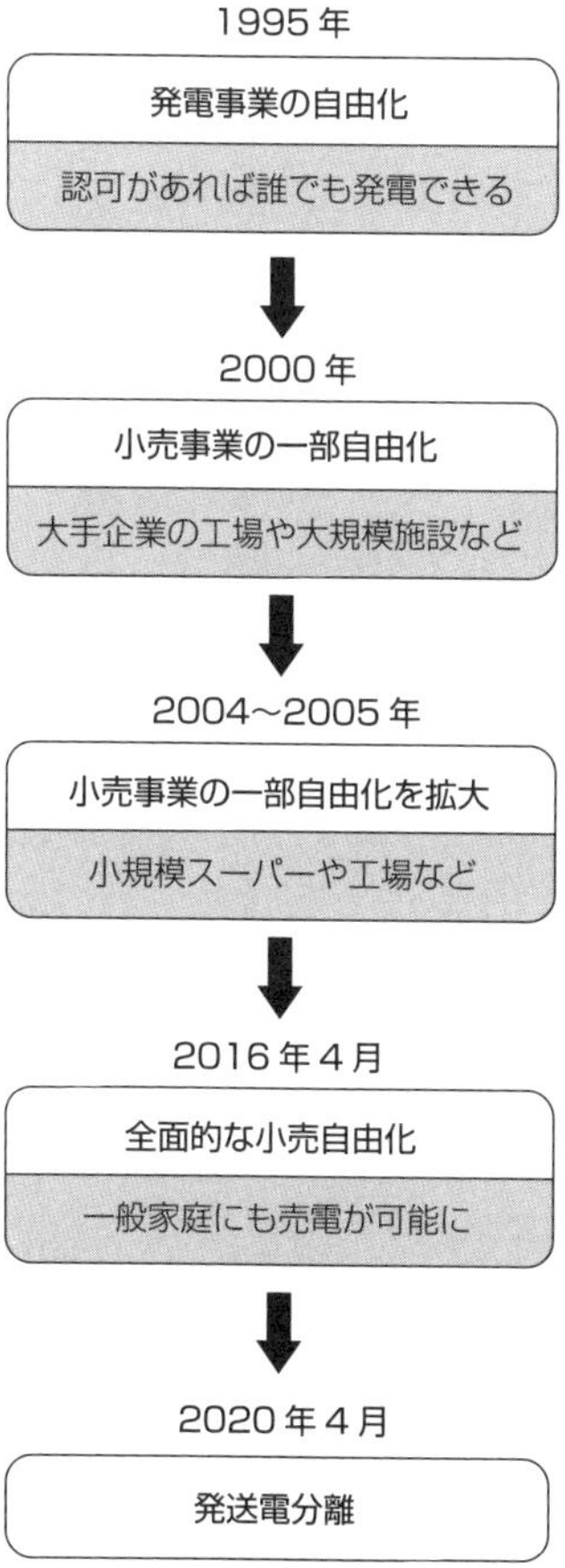

1995年

発電事業の自由化
認可があれば誰でも発電できる

2000年

小売事業の一部自由化
大手企業の工場や大規模施設など

2004～2005年

小売事業の一部自由化を拡大
小規模スーパーや工場など

2016年4月

全面的な小売自由化
一般家庭にも売電が可能に

2020年4月

発送電分離

①1995年：発電部門の自由化

発電所の建設と運営を、大手電力会社以外にも許可しました。これによって、発電部門ついては、競争が起きるようになります。といっても、当時参入したのは、本業で自家発電のノウハウをもっている製鉄会社や石油会社など、ごく限られた企業だけでした。

②2000年：小売部門の自由化（特別高圧のみ）

続いて小売部門の中で、契約電力2000キロワット以上の特別高圧電力の需要家（大工場や百貨店など）を対象に、自由化が行われました。これによって、大手電力会社以外の小売会社が誕生しました。このときに電力事業に参入したのが、エネット（東京ガス、大阪ガス、NTTファシリティーズの3社が出資）、ダイヤモンドパワー※（三菱商事、中部電力系）、サミットエナジー（住友商事系）、丸紅、コスモ石油などです。これらの会社は、大手電力会社と異なり特定の規模の電力だけを扱うことができる会社なので、「特定規模電気事業者（PPS）」という扱いになりました。俗称としては「新電力」と呼ばれます。

とはいえ特別高圧の電気を消費する需要家は限られているので、この時点で電力会社を選べるようになった需要家は、すべての電力需要に占める割合では26％だけでした。

※　ダイヤモンドパワーは、設立当初は三菱商事の完全な子会社だったが、2013年に中部電力が株式の80％を取得して子会社化している。残りの株20％は三菱商事が保有している。

③2004年：電力の取引市場が創設

日本で初めて、電力を取引する「日本卸電力取引市場（JEPX）」が創設されました。野菜や魚の市場と同じように、電気を売りたい発電会社と電気を買いたい小売会社が売買を行う市場です。価格は、それぞれが売りたい量と買いたい量を提示して、需要と供給に合わせて決まっていきます。

この市場ができるまで、発電会社が電気を売りたいと思っても、電力会社と直接やりとりするしかありませんでした。市場を通さず1対1で直接取引することを「相対」と言いますが、2004年まではすべての取引が相対で行われていました。売り先が限られていれば、買い手のいいなりになるしかありません。そのため、電力会社の都合で安く買い叩かれるようなことがほとんどでした。しかし、オープンな市場ができたことで、発電会社や小売会社は、相対取引以外の電力の売買ができるようになりました。

電力取引市場は、野菜や魚とちがって目に見える商品を扱うわけではありません。株式市場と同じように、データ上でのやり取りになります。今回、一般家庭に電力を供給するようになった新電力会社の多くも、取り扱う電力の一部をこの取引市場から仕入れて、家庭にとどけることになります。

④２００５年：小売部門の自由化（高圧まで）

小売部門で、自由化する電圧の単位が段階的に引き下げられました。２００４年には５００キロワット以上、２００５年には50キロワット以上の需要家にまで拡大されます。今までは大工場など一部の企業だけしか電力会社を選べなかったのが、ビルやマンション、一般的な企業でも選べるようになりました。これによって電力需要に占める割合では60％まで開かれました。

しかし、こうした改革によって競争が活発になったかといえば、答えはNOです。大きな理由は、大手電力会社と新電力会社の間で、対等に競争できるシステムが整備されていなかったからです。自由化された市場での新電力会社のシェアは、６％程度（２０１４年末）で、大手電力会社による地域独占体制は、ほとんど影響を受けませんでした。それでも管轄する経済産業省は大手電力会社に配慮して抜本的な対策をしようとはしてきませんでした。

一般家庭から利益の9割を出す

先に自由化した高圧部門と、自由化していなかった低圧部門では利益率にも差が出ていました。自由化されていた高圧部門で、大手電力会社は新電力会社と価格競争にさらされました。部分的な自由競争ですが、大手電力会社もある程度は値下げをしなければ顧客が離れるおそれがありました。そのため、電力会社は利益の大部分を、自由化されていない家庭向けの低圧部門で得るようになっていきます。

2006年から2010年の間、大手電力会社があげた利益のうち約7割が、販売電力量では4割しかない低圧部門からのものでした（10社平均、資源エネルギー庁）。東京電力に限ると、9割以上の利益が低圧部門からになっています（図12）。独占という立場を悪用し、消費者にとって選択肢のない中で利益を

図12　大手電力会社の収益のほとんどは一般家庭から

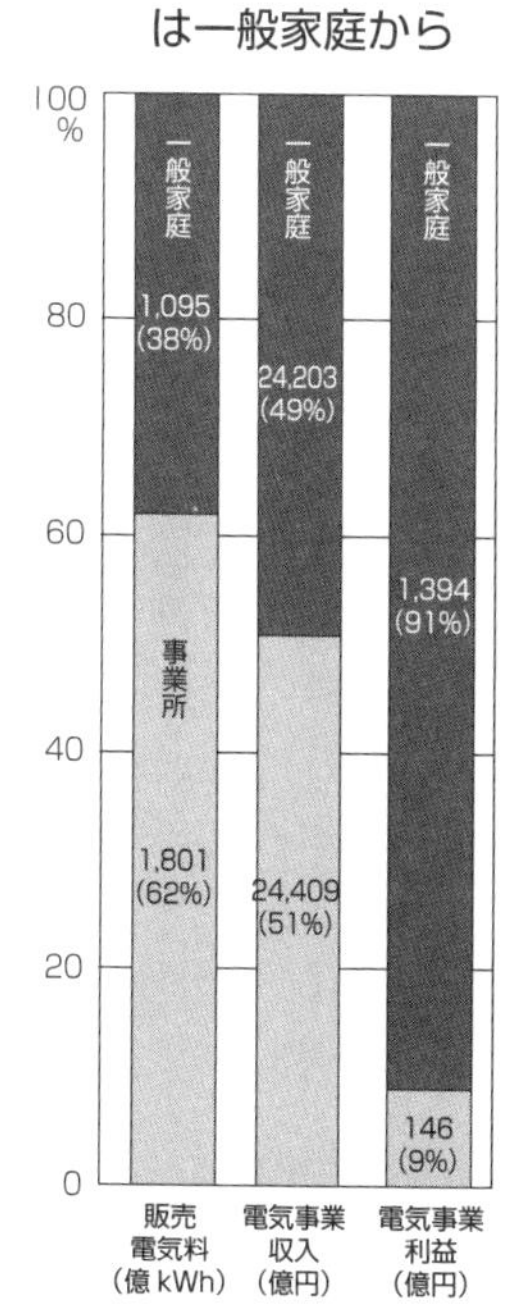

（東京電力の2006〜10年度の5年間の平均、出典：資源エネルギー庁資料）

上げるようになっていったのです。

東日本大震災による計画停電

電力会社は、自分たちの独占や権益が脅かされる可能性があるため、経産省主導の電力システム改革に抵抗してきました。地域独占を正当化するため、電力会社側がくり返していた主張は、「電力の安定供給」です。独占体制があるからこそ、責任をもって安定供給に努めてきたというのです。年間の一需要家あたりの停電時間が20分程度という、世界最高レベルの電力品質の高さが、その主張に説得力を与えていました。また国民の多くも、停電さえしなければ電力について関心をもつことはありませんでした。

ところが2011年の東日本大震災によって、その安定供給ができなくなりました。地震と津波が引き起こした福島第一原発事故などによって、東京電力は供給能力が不足するようになり、首都圏で計画停電を実施しました。それに伴って大きな混乱も起きました。確かに東日本大震災は大災害だったので、電力会社が地域独占をしていないからといって、停電を防げたかどうかはわかりません。

しかし、次のような問題が指摘されています。大規模な工場やビルなど、電力を大量に消費する企業に対して、日頃から省エネを勧めたり、省エネしやすくするシステムを構築してこなかったことです。時間ごとに、どれくらい消費電力が増えているかがわかれば、効果的な節電をすることもできたでしょう。しかし、震災が起きた際、ほとんどの企業ではそのような情報をもち合わせていませんでした。

計画停電では地域ごとに強制的に電力の供給を切ってしまいましたが、繁華街の看板のネオンが消えるのと、命にかかわる病院に電気が供給されなくなるのとでは、同じ電気でも価値がまったくちがいます。東京電力の計画停電には、そのような配慮はまったくありませんでした。

動き出した電力システム改革

電力の小売全面自由化への流れをきり開いたのは、原発事故と計画停電だけが理由ではありません。東京電力は、10大電力会社の中でも政治的、経済的に最も影響力のある世界有数の電力会社でした。しかし原発事故による巨額な廃炉費用などで経営が悪化し、国からの資金を投入されたことで、国（経産省）の言うことにも配慮しなければならなくなりました。そして、東電が方針を変えたのだからと、他の電力会社も妥協するようになりました。

そこで2012年2月から、経産省の総合資源エネルギー調査会のもとに「電力システム改革専門委員会」が設置され、新しい電力システム改革の議論が始まります。これまでの中途半端な電力システム改革と少しちがったのは、「九電力体制の存続」を前提としない議論が行われるようになったことでした。

　委員会の議論はほぼ1年かけてまとまります。改革の柱は大きく分けて3つで、①「全国規模で電力をやりとりする機関（広域機関）と、電力システムの審判役（電取委）の設置」②「小売全面自由化」、③「発送電分離」になります。②についてはこれまで述べてきましたから、ここでは、①と③、そしてそれらをつなぐ卸電力取引市場について説明します。

電力をやりとりする「広域機関」

　これまでの独占体制の課題のひとつに、「地域間連系線」の活用をふくめた日本全体の電力を効率的に融通する視点がなかったことを取り上げました。それを解消するための組織が「電力広域的運用推進機関（広域機関）」です。２０１５年4月に誕生したこの経産省の認可法人には、発電、送電、小売すべての事業者に加入義務があります。[※1] とても長くて覚えにくい名前なのですが、役割はその名の通り、電力を全国で効率的に運用していこうというものです。

　広域機関は、全国の需要と供給の状況を監視し、ある地域で電力が不足しそうな際には、他の地域の会社に電力を送るよう指示する権限を与えられています。

　また、単に今ある設備で電力を融通するだけでなく、地域間連系線の増強についても提案する役割をもっています。この広域機関は、すでに東京電力と中部電力の間にある周波数変換所[※2]や、東京電力と東北電力とを結ぶ連系線については具体的な増強を決めていて、他の地域間連系線についても今後検討していく予定になっています。

地域間の電力の融通がきちんと行われ、流れる電流の量が増えるようになれば、災害時の対応だけでなく、既存の電力会社のエリアを越えた競争が活発に行われることにつながります。現状の電力システムでは、まだ従来の大手電力会社が圧倒的に強いのですが、この広域機関がきちんと中立的に機能することで、安定供給や競争促進の面で状況が変わってくるはずです。

※1　発電については一定規模以上の発電事業者に限られる。
※2　東日本と西日本とでは電気の周波数が異なっている。東日本は50ヘルツ、西日本は60ヘルツで、その間には周波数変換設備がある。2011年の震災当時には、両エリアを行き来できる電気の量は、原発1基分の100万キロワットしかなかった。2020年までには300万キロワットまで増やすことが計画されている。

「卸電力取引市場」の取引を活発に

前述したように、電力を取引する市場である「日本卸電力取引市場（JEPX）」が、2004年に創設されています。しかしこれまではそこで扱われる取引量が1・5%程度（2013年）と少なく、日本全体の電力システムに影響するレベルにはなりませんでした。今回の電力自由化では、この取引所を通じた市場取引が活発になることが期待されています。

既存の巨大な発電所を握っているのは大手電力会社です。そこが自社グループの小売会社のためだけに「相対」で電気を売っていたのでは、この市場が活性化しないし、競争も起こりません。発電所が取引市場に電気をたくさん売るようになれば、小売会社が取引所から電気をたくさん仕入れることができるようになってきます。

電力システムの審判役、「電取委」

その電力市場が公正なものになるよう監視し、活性化を提案する審判役が「電力取引監視等委員会(電取委)※」です。また長い名称がでてきましたが、略称の「電取委」としておぼえておいてください。電取委は、経済産業省が2015年9月に設立した中立機関です。発足後、最初に手がけたのが「託送料金」の審査でした。

託送料金は、送配電網の利用料金のことです。送配電網の所有者は大手電力会社なので、小売会社が送配電網を利用する際に大手電力会社に託送料金を支払います。託送料金は、インターネット通販で商品を購入する際の配送料のようなものです。しかし通販であれば、小売会社はさまざまな宅配業者から安いところを選ぶこともできますが、電気では1社が送配電網を独占しているため、言われた値段を支払うしかありません。この託送料金が不当に高い値段であれば、公平な競争ができなくなってしまいます。

そこでこの料金が公正かどうかを電取委が審査したのです。その結果、大手電力各社の申請した託送料金の原価が、いずれも数十億円単位で削られました。実際にはまだまだ不透明な部分も多く、特に一般家庭などを対象にした低圧部門の託送料金の高さは、小売会社にとって高いハードルになっています。しかし、これまでは電力会社の言い値で決まっていた料金が、電取委という第三者の目を通して認可されるようになったことは、評価できる変化のひとつです。

また電取委は、小売営業のガイドラインの策定も行い、小売会社が問題のある営業活動などをした場合に、行政指導を行うことになっています。活動の範囲は幅広く、電力システム全体が公正なものになるよう目を光らせる存在になります。

※　正式名称は2015年9月に「電力取引監視等委員会」（ＥＣＳＣ）としてスタートし、2016年4月からは「電力・ガス取引監視等委員会」（ＥＧＧ）に変更されている。

カギは「発送電分離」

2020年までに実施されるのが発送電分離です。これまで「垂直一貫体制」で同じ会社が行ってきた発電と送配電に関して、発電する主体と送配電網を管理、運営する主体とに分けることを意味しています。最終的に、電力システム改革がうまくいくかどうかは、この発送電分離がどうなるかにかかっています。

全国に張りめぐらされた送配電網は、形としては大手電力会社が建設してきた資産ですが、実際は国民の電気料金で作られた公共設備でもあります。それをどの事業者も平等に利用できるようにしようというのが、発送電分離の目的です。

いくら小売部門にたくさんの新会社が誕生しても、送配電部門を大手電力会社が握り続け、新電力会社が平等に使わせてもらえなければ、結局は大手電力会社が利益をもっていき、新電力会社はほとんどつぶれてしまいます。

大手電力会社は、ただでさえ多くの大型発電設備を所有し、顧客も抱えています。新規に中小企業が参入しても対等な競争は望めません。せめてみんなが使うインフラである送配電網は、透明性や公平性をきちんと確保していく必要があります。そのため本来なら、大手電力会社とは完全に独立した組織が送配電網を管理するのがベストな体制です。

送配電網を誰が握るのかという重要性は、他のものに置き換えてみるとよくわかります。野菜で例えてみましょう。全国の農場で収穫（生産）された野菜は、トラックなどで市場に集められ（流通）、スーパーや八百屋で販売されます（小売）。この生産にかかわる人たちと小売にかかわる人のすべてが利用するのが、流通です。この流通を、生産や小売も手がけているA社という大企業が独占的に抑えているとしたらどうでしょうか。もしA社が自分の会社だけが儲けるために、A社の野菜だけを優先して流通ルートを使わせたり、他社の流通ルートの利用料を値上げしてしまうと、他の生産会社や小売会社は立ち行かなくなってしまいます。

電力についても同じことが言えます。大切なのは、いかにたくさんの小売会社が登場するかということではなく、誰もが使う送配電網という流通ルートを中立にすることなのです。発送電分離の要点はここにあるのですが、日本で計画されている発送電分離は、欧州型とはちがい、中途半端なものになってしまいそうです。

「法的分離」ではなく「所有権分離」を

発送電分離には、いくつかの種類があります。日本で行われるのは同じグループ企業の持ち株会社の中で会社を分ける「法的分離」という種類のものです。発送電分離は、全国的には2020年までに実施されるのですが、実は東京電力だけは先行して2016年4月からすでに送配電部門が分離されています。

東京電力は、「東京電力ホールディングス株式会社」という持ち株会社の下に「発電」「送配電」「小売」というそれぞれの役割ごとに分社化しました。燃料及び火力発電事業（東京電力フュエル&パワー）、送配電事業（東京電力パワーグリッド）、小売事業（東京電力エナジーパートナー）の3社です。なお、原子力部門や福島第一原発事故の賠償については持ち株会社の中に置かれることになりました。

なお送配電事業者には、送配電線網の建設や保守、安定的運用の義務を課していますが、代わ

図13　東京電力の新体制

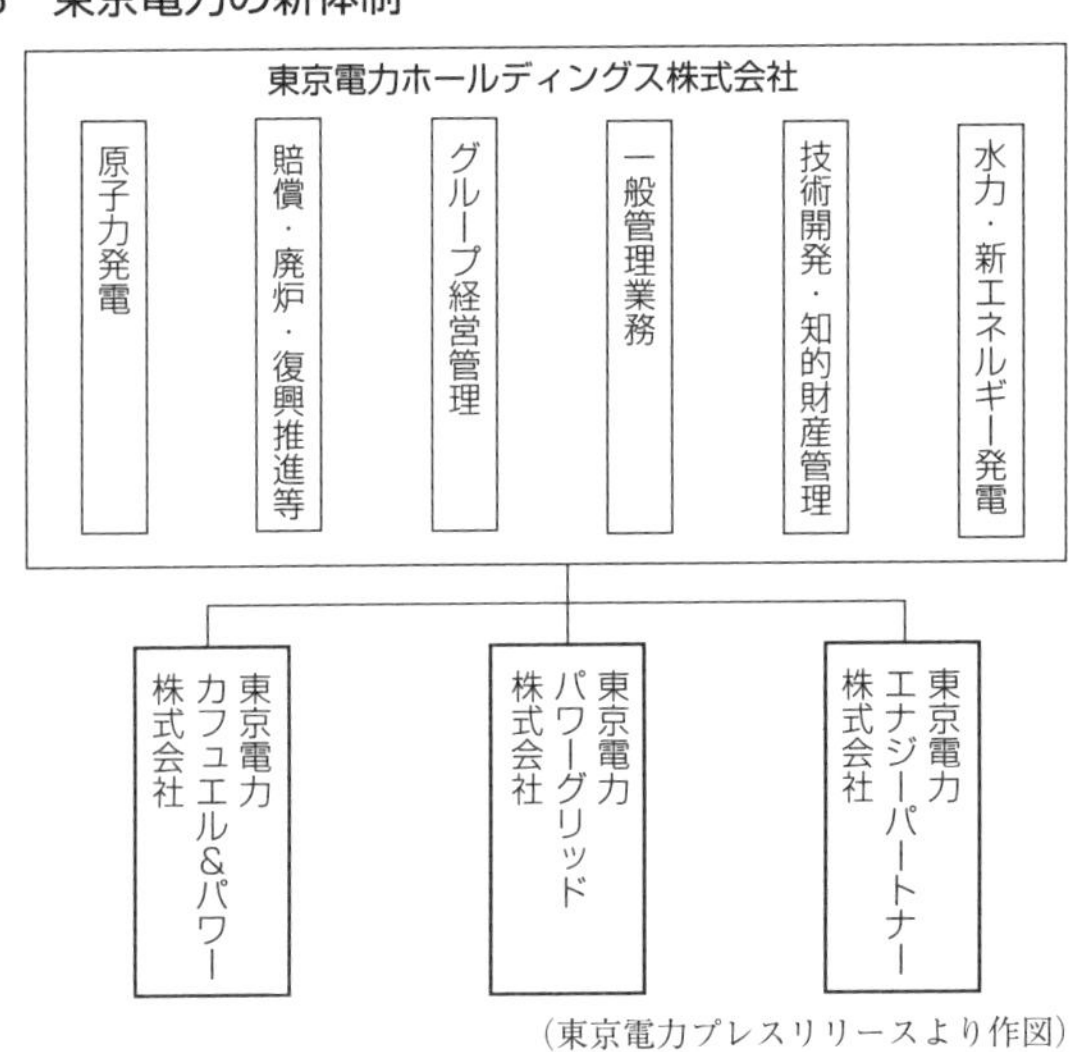

（東京電力プレスリリースより作図）

りに地域独占と総括原価方式によって確実に投資回収ができるように守られています。つまり送配電網については、これまでと同じように地域ごとに別れた大手電力会社が独占的に運営することになるのです。

しかも、持ち株会社の100％子会社である送配電会社があげた利益は、持ち株会社のものになります。これでは中立的な運用ができるのだろうかと疑問視されても仕方がありません。多くの識者からは、発送電分離をするなら、グループ企業の中で分社化する「法的分離」では不十分で、欧州のように利害関係のない別会社にする「所有権分離」を実現すべきだと指摘されています。

中途半端な発送電分離に象徴されるように、今回の電力システム改革には、大手電力会社の既得権益に配慮しながら進めている面があ

図14　発送電分離の段階

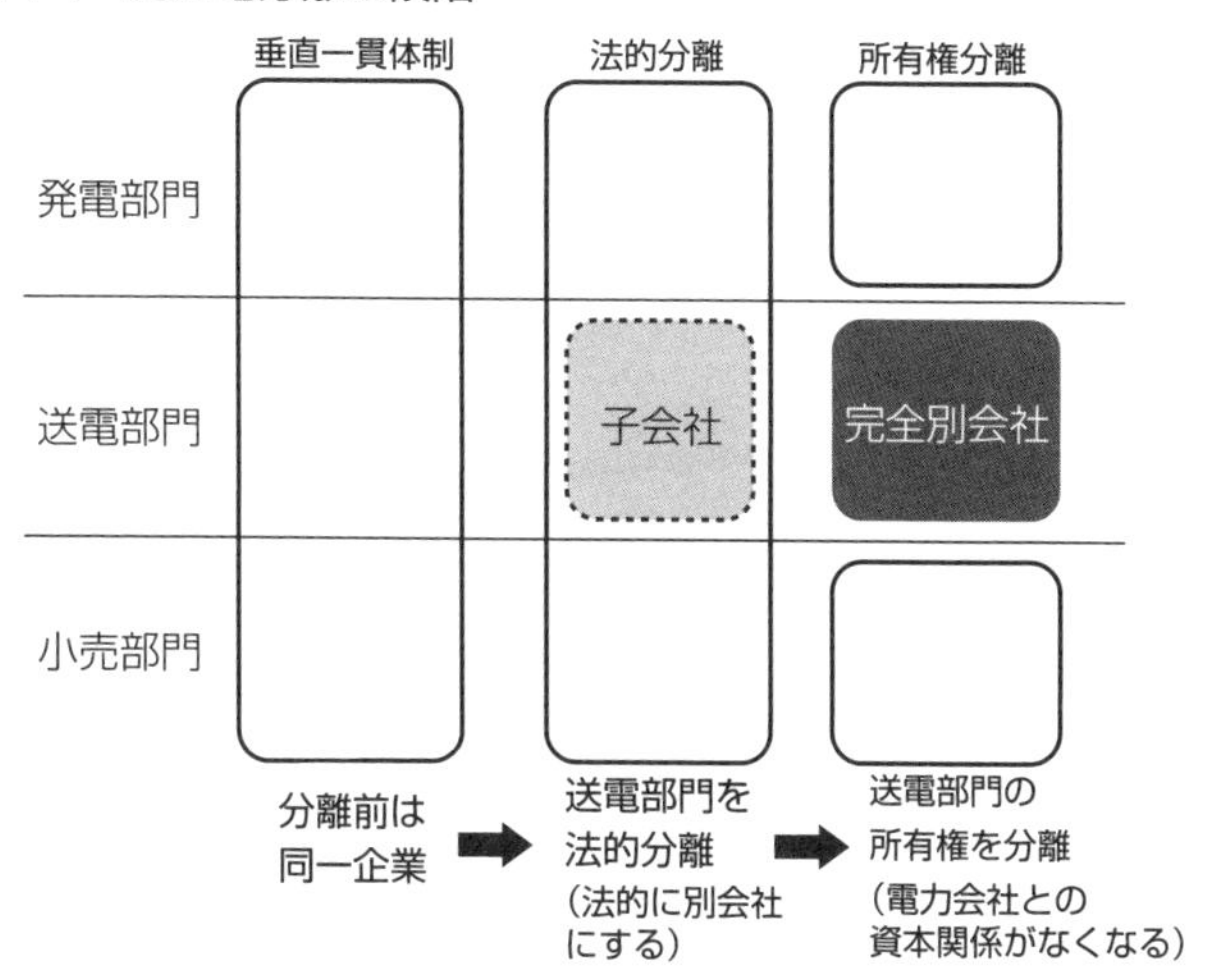

（高橋洋『電力自由化』の図版を参照して作図）

ります。とはいえ、大手電力会社が自社の利益を優先して好き勝手にやっても許されるのかといえばそうではありません。最初に紹介したように、電力システム改革の大きなコンセプトは、「公平性や透明性、効率性を高めること」だという認識は共有されています。もし一事業者が、与えられた特権を利用して不正なことをすれば、電力取引監視等委員会が注意することになります。そしてその電取委がきちんと機能しているかどうかは、電気の消費者である国民がチェックしていくことになるでしょう。

一連の電力システム改革は、2020年の発送電分離で一段落するのですが、それですべてが終わるわけではありません。電力システム改革がめざしていた目標が達成されなかったり、新たな問題が噴出するようなことになれば、発送電分離のあり方を含めて、改めて問い直しがされるはずです。いずれにしても、これまで大手電力会社が独占していた送配電網を、開かれたものにしていけるかどうかがポイントになってきます。

4章　何が問題？　日本の電力自由化

日本の電力システム改革の課題

　ようやく動き始めた電力システム改革ですが、発送電分離の話に象徴されるように、まだ不透明な部分が多い状態です。長い時間をかけてうまくいかない部分が改善されていく可能性はありますが、現時点で指摘されている課題を整理してみます。ポイントは、電力システム改革がそもそもめざしている「電力システムの効率化、透明化、公平化」につながるのか、ということです。さらにその先には、自然エネルギーの普及や、消費者がエネルギーを選びやすい社会をどう実現するのか、といったことも考えていきます。今までの話のまとめも兼ねて以下に5つのポイントをあげて説明します。

①電源構成の表示を義務化する
②送配電網の中立化
③託送料金の公平性を高める
④原発の費用を透明化する
⑤電源の環境影響に配慮する

①電源構成の表示を義務化する

消費者が、発電方法のちがいを判断し、選択できるようにするためには、電源構成の表示が欠かせません。消費者団体や環境NGOなどは表示を義務化するよう求めてきました。しかし、経産省の指針では「望ましい行為」という扱いにとどめ、義務化はされていません。一部の新電力会社ではホームページなどで自主的に表示していますが、表記の仕方が統一されていないため、「その他」の部分が40%にもなるなど、あいまいな提示をしている会社もあります。それでも、表示しようとしているだけまだ良いのかもしれません。

②送配電網の中立化

３章で触れたように、送配電網を公平に誰もが利用できるようにすることは、非常に重要です。たとえば自然エネルギーの発電設備を作ろうとしても、電力会社に「もうこれ以上入れられません」と拒否されたり、高い接続費用を請求されるケースがでてきています。発電所が増えない限り、自然エネルギーの電気を買うことのできる人は限られてしまうので、これでは悪循環です。大手電力会社の判断に任せるのではなく、国がどの事業者にも不利にならないよう調整する必要があります。

③託送料金（低圧向け）の公平性を高める

託送料金は、大手電力会社以外が送配電網を利用する際の利用料金、いわば配送料です。この託送料金を決めているのは送配電網を所有する電力会社です。この価格が不当に高いと他の小売会社にとって不利になり、公平な競争ができません。前述したように２０１６年４月からは、電取委が価格の妥当性を審査するようになりました。しかしそれでも、透明性が確保されたとは言えない状態です。

託送料金は、電圧の種類別で異なっています。特別高圧（２２０００ボルト）が全国平均で約２円（キロワット時あたり）、高圧（６６００ボルト）が約４円なのに対して、一般家庭用の低圧（２２０ボルト）は約９円ととても高く設定されています。これは、平均すると電気料金の３～４割の価格にあたり、新規参入した小売会社にとっては経営を圧迫する要因になっています。日本の低圧電力の託送料金は、世界的に見ても非常に高い水準になっています。

自前の発電設備を持たない小規模な小売会社にとって、この託送料金をはじめ、発電事業者や

図 15　託送料金の内訳

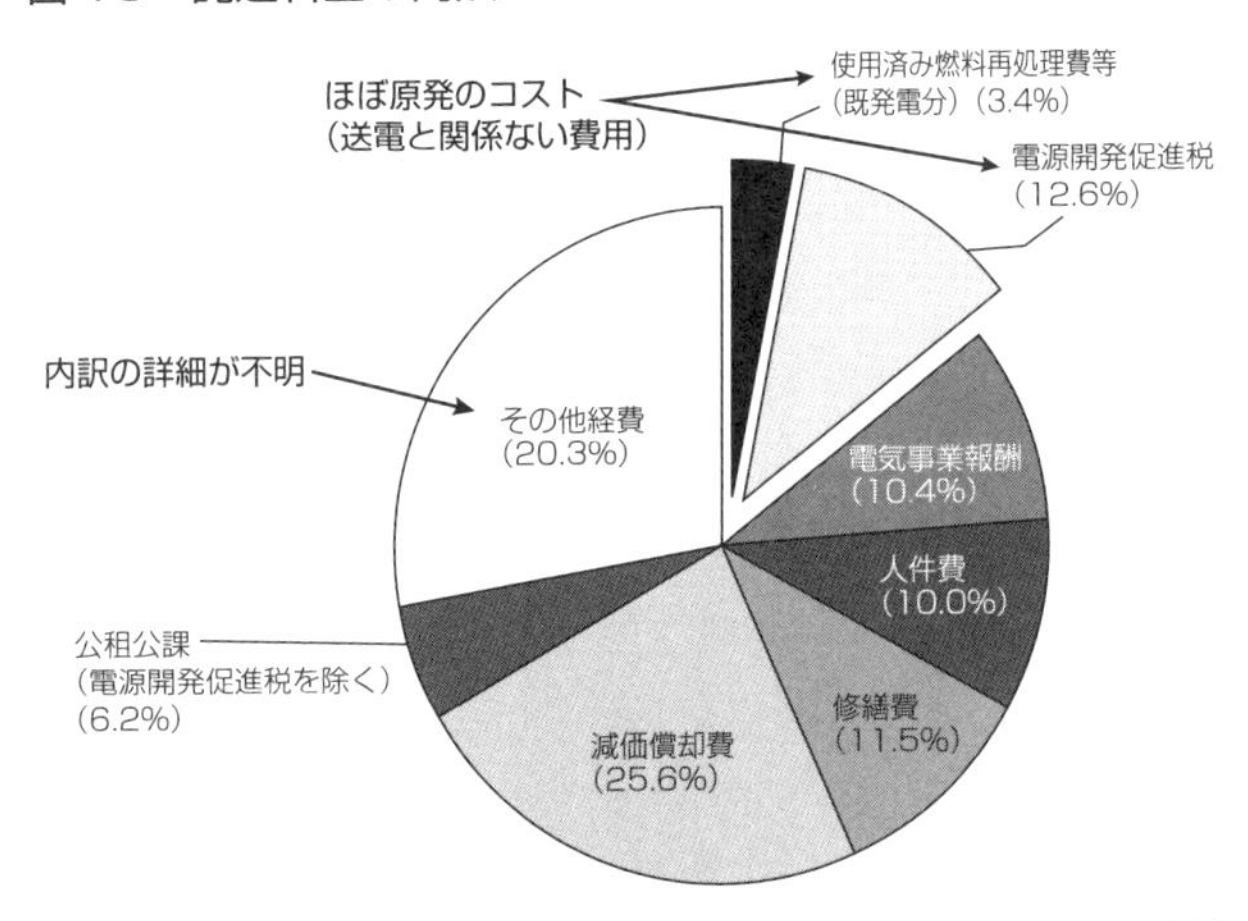

（託送供給約款変更届出書等（平成24年7月東京電力）をもとに竹村英明氏が作図したものを修正）

卸取引所などへ支払う電気の調達費用などは固定的にかかってくるので、かなりの負担となっています。

④原発の費用を透明化する

電気料金や税金などが投入されて建設された原発は、大手電力会社だけが所有しています。そして現在も、原発を支えるコストを出しているのは全国の電力需要家、つまり私たち一人ひとりです。自然エネルギーを増やすための費用は「再エネ賦課金」ということで分離され、「電気ご使用量のお知らせ」にも明記されています。自然エネルギー設備のためにいくら支払っているかがわかりやすくなっているために、自然エネルギー反対派はそれを根拠に「自然エネルギーのためにこんなに高い費用を支払わされている」と批判しています。

一方、原子力については託送料金や電気料金などに分散させられた上、詳細が書かれていないことが多く、一人ひとりがいくら支払っているのかが見えにくくなっています。それによって、「自然エネルギーは高いが、原発は安い」というようなまやかしが、いまも信じられてしまっています。

たとえば託送料金には使用済み核燃料の処理費用や、廃炉などに必要な費用が含まれています。これまでは、総括原価方式によって電気料金に反映されてきましたが、これからは、送配電会社の託送料金に上乗せされて回収されることになります。

さらに「電源開発促進税」も託送料金に乗せられています。これは、実質的には原発立地自治体への交付金や原子力の研究開発、原発推進のための広告などさまざまな事業に使われる資金です。消費者にとっては、電力自由化で新電力会社に切り替えた後も、原発関連費用を支払い続けなければならないことになります。いずれにしても、原発関連費用がどの程度かかっているのかを透明化し、一人ひとりがどのくらい支払っているのかを明示する必要はあります。

⑤電源の環境影響に配慮する

電力システム改革では、現段階では不十分とはいえ、これまでよりは効率性や公平性を重視したシステムに変わる可能性が出てきました。しかし、自由化の議論の過程では、どうやって自然エネルギーを増やすのか、そしてCO_2を削減していくのかといった環境面への配慮については扱われませんでした。

電源の環境影響といえば、日本を広い範囲で放射能汚染した福島第一原発事故を思い起こす人も多いはずです。しかし世界では原発以上に、石炭など化石燃料を使う発電所の影響に注目が集まっています。

気候変動を始めとする環境問題は、国際的な関心事です。目先の取引では石炭火力や原発による発電コストが安いとしても、それよって引き起こされる問題の対価を誰かが支払わされています。欧州ではその見えにくい費用も発電事業者などに支払わせようという方向で進んでいます。日本では、この環境影響を無視して、単純に燃料費だけで発電コストを計算しているため、一見すると石炭や原発が安く見えるという構造になっています。

２０１５年末に開催された気候変動対策を話し合うＣＯＰ21では、「低炭素」をめざすのではなく、温室効果ガスの排出ゼロを目標にした「脱炭素」社会をめざす「パリ協定」が合意されました。世界は、化石燃料を使わない方向で未来を考えているのです。

中でも、自然エネルギーの先進国であるデンマークは、２０５０年には電力だけでなく、車や飛行機の燃料を含めたすべてのエネルギーで化石燃料を使わないという高い目標を掲げています。

またオランダの国会では、２０２５年までには電気自動車以外のすべての自動車が販売禁止になる法律が検討され、成立しそうな勢いです（２０１６年４月現在）。10年以内に、従来のガソリン車やディーゼル車だけでなく、ハイブリッド車まで販売できなくなるというのは衝撃的ですが、それだけ脱化石燃料への意識が高まっているということになります。日本ではまだそのような認識は一般的ではありませんが、日本だけが「低炭素」をめざしますとか、「安いから今後も使い続けます」と言えるような状況ではないということは、知っておいたほうがよさそうです。

なぜ日本だけで石炭火力発電所が増えるのか？

今の話と関連して、日本の石炭火力発電所の建設計画について紹介します。前述したように欧米では、石炭は燃料費が安いようにみえても、長期的には環境にダメージを与えるという認識が一般化してきています。そのためほとんどの国では、石炭火力発電所を今後は減らす予定にしています。しかし、環境への悪影響がコストに反映されない日本では、電力自由化をきっかけに石炭火力発電所を大幅に増やそうとしています。このようなことをしている先進国は、日本だけです。

日本の石炭火力発電所の新設計画は、温暖化問題がクローズアップされた２００９年頃にいったん止まっていました。しかし２０１１年の福島原発事故の後、安価な燃料で電力を安定供給させたい政府の政策変更がきっかけとなり、東京電力や東京ガスをはじめとする石炭火力発電所の新設計画が動き出します。２０１６年5月現在、各社が新設を予定している石炭火力発電所の出

図16　石炭火力発電所は日本だけが増設を予定している

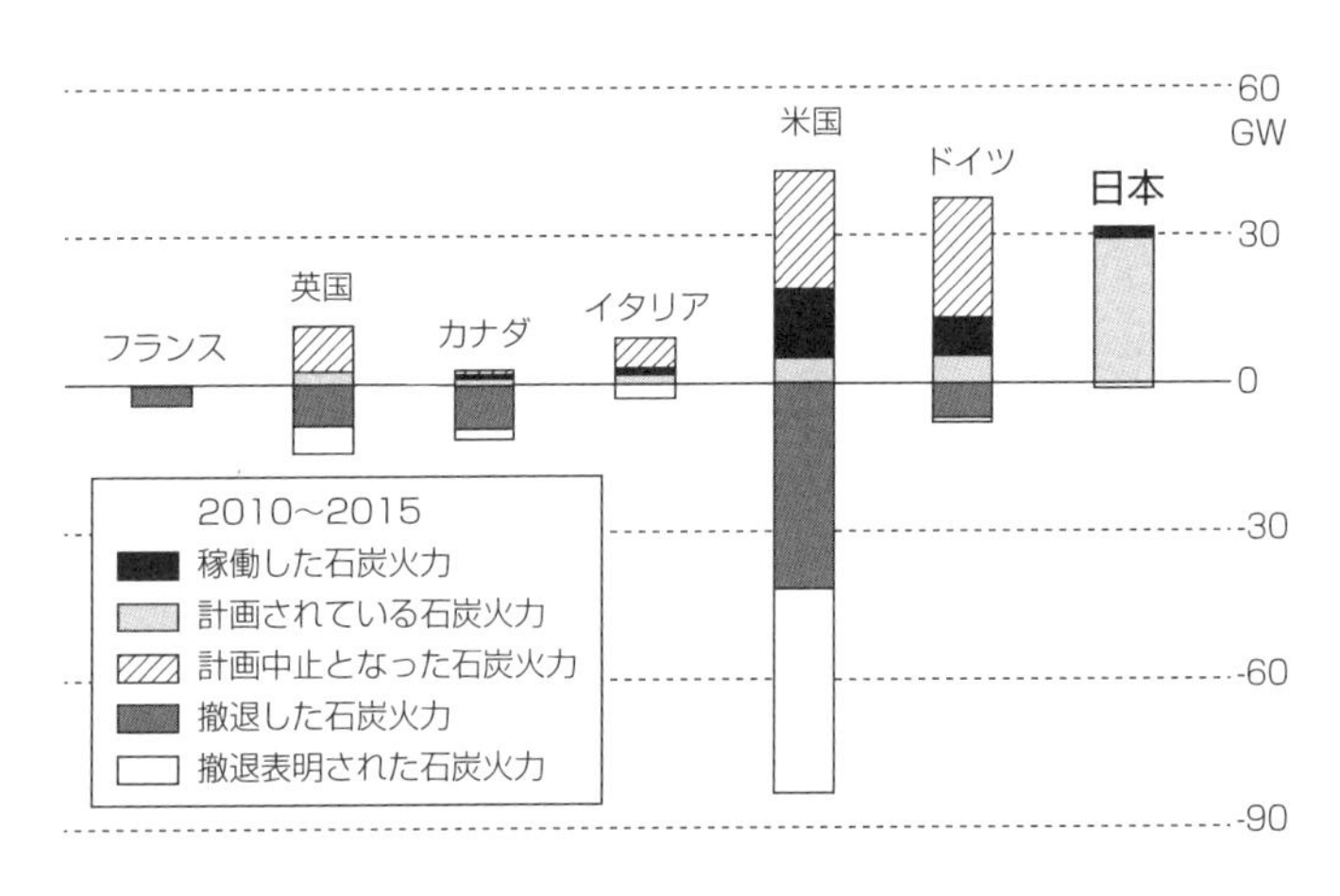

力の合計は、100万キロワット級原発20基分以上となっています。

政府や電力会社は、建設予定になっている新型の石炭火力発電所が排出する汚染物質は、途上国で使われている旧型に比べて低レベルなので、「クリーンな発電所だ」と主張しています。しかしそれは旧型の石炭火力に比べての話であって、天然ガスに比べれば、2倍以上の二酸化炭素を排出します。決して「クリーン」とは言えません。

特に東京ガスや九州電力、出光興産らが出資して2025年以降に稼働する予定の大型石炭火力発電所（千葉袖ケ浦火力発電所：2基合わせて出力200万キロワット）は、一時は環境大臣が「環境面から容認できない」と苦言を呈していたほどです。※

このようなことが起きる理由は、電力自由化によって価格競争が起き、できるだけコストの安い電源を用意する必要に迫られるようになったから

気候ネットワークが事務局を務めるDON' T GO BACK TO THE石炭 キャンペーンのホームページ

です。しかし、国際的には石炭火力への投資が避けられ、閉鎖される方向にある中で、日本だけが目先の利益になるからと、石炭火力を推し進めてよいわけはありません。もちろん、消費者として電源を選ぶ際にも「安くて汚い電源」である石炭火力から電気を調達していないかどうか注意したいところです。石炭火力発電所の新設問題については、NGO「気候ネットワーク」が中心となって、調査、政策提言などを行っています。

※　環境大臣は2016年2月に建設容認に転じている。

欧州ではどうなっている?

日本で改善すべき課題をあげました。さらに付け加えれば、これらのポイントを実現できるような規制機関に強力な権限をもたせるべきなのですが、現時点ではそれも見えてきません。広域で電力のやりとりを指示する調整主体（広域機関）や、電力市場の不正を監視する機関（電取委）は立ち上がったのですが、これらの機関がどの程度の権限を持ち、システム全体にどの程度の責任をもっているのかはっきりしない部分があるからです。

ではそのようなポイントについて、20年近く前から電力自由化が進められてきた欧州ではどのようになっているかをみてみましょう。細かな状況は国によってちがいますが、欧州連合（EU）として統一した方針を出し、共通して実践に移している部分もあります。電源構成の表示を義務化していること、送電網を中立な事業者※が運用し、広域の電力市場を通じて国境を越えて電気をやりとりしています。また、自然エネルギーについては優先的に送配電網に接続し、また優先的にその電気を使うことがすすめられています。

もちろんうまくいっていることばかりではありませんが、自由化以前よりは電力システムが効率化され、国民にとって透明性の高い制度になっていることは確かです。

※　このような中立の送電事業者をTSU（Transmission System Operator）と呼ぶ。

EUは自由化で、規制を強化した

欧州の電力システムも、かつては日本と同じように発電から送配電、小売までをひとつの事業者が独占的に行う体制で電力を供給していました。電力という国民にとって欠かせないインフラは、自由競争にはなじまないとされてきたからです。

しかし１９８０年代にイギリスで「新自由主義」を掲げるサッチャー政権ができると、さまざまな国営企業が民営化されたり、独占市場の開放が進みます。電力についても、１９９０年にそれまで独占的に運営していたイギリスの国営電力公社が民営化されて、３つの発電会社と送電会社とに分けられました。その流れは、ノルウェーなど北欧諸国にも広がります。また、１９９３年に誕生した欧州連合（ＥＵ）は、地域内の電力を効率的に運用するため、積極的に電力自由化を進めました。

新自由主義というと、あまり良くない印象をもっている方もいるかもしれません。国のかかわりや規制をなくして、民間企業による自由競争に任せれば、弱肉強食で強い企業だけが勝ち残るからです。確かに、すべて市場競争に任せる制度を作ってしまえば、大手電力会社がより強力になっていくだけでしょう。でも制度のつくり方によっては、単なる弱肉強食にならないようにすることは不可能ではありません※。

欧州で徹底していたのは、「発電」と「小売」の部分では電力市場を通じた自由競争を進める一方で、すべての関係者が利用する「送配電網」については、むしろ規制を強めて誰もが公平に利用できるようにしたことです。それによって、独占体制のもとでは明らかにならなかった情報の公開（透明化）や、効率的な運用をめざしました。

ＥＵは段階的に電力自由化を進め、２００９年には多くの加盟国で発送電分離（送電部門の「所有権分離」）が行われました。欧州でも今の日本と同じようにグループ企業内で分社化する「法的分離」が検討されましたが、送配電会社が自社グループの企業を優遇する恐れがあるため、送電網を運用する会社は完全に資本関係を分ける方向になったのです。

現在では、ＥＵ加盟国全体で電力システムの透明化や効率化が進み、取引市場を通じた電力の輸出入が常に行われています。送配電網を運用する組織が、大手電力会社などから独立しているシステムが、それを可能にしました。また同じ２００９年には、ＥＵで電源構成の表示が義務付けられています。欧州では幾度かの失敗をして知見を重ねながら、より良いシステムに近づけてきたのです。

※　最近では欧州各国で行き過ぎた民営化について問い直しがされ、いったん民営化したものを再び公営化する動きも起きている。この章の最後に紹介する、ドイツ市民による配電網の買い戻しの動きも、その一環だ。

自由化で停電が減った北欧の「ノルドプール」

北欧のケースを見てみましょう。ノルウェー、スウェーデン、フィンランド、デンマークの北欧４カ国では、２０００年に「ノルドプール」という電力取引市場が統合され、電力が国境を越えて取引されるようになりました。

図 17　ノルドプールの電力供給エリア

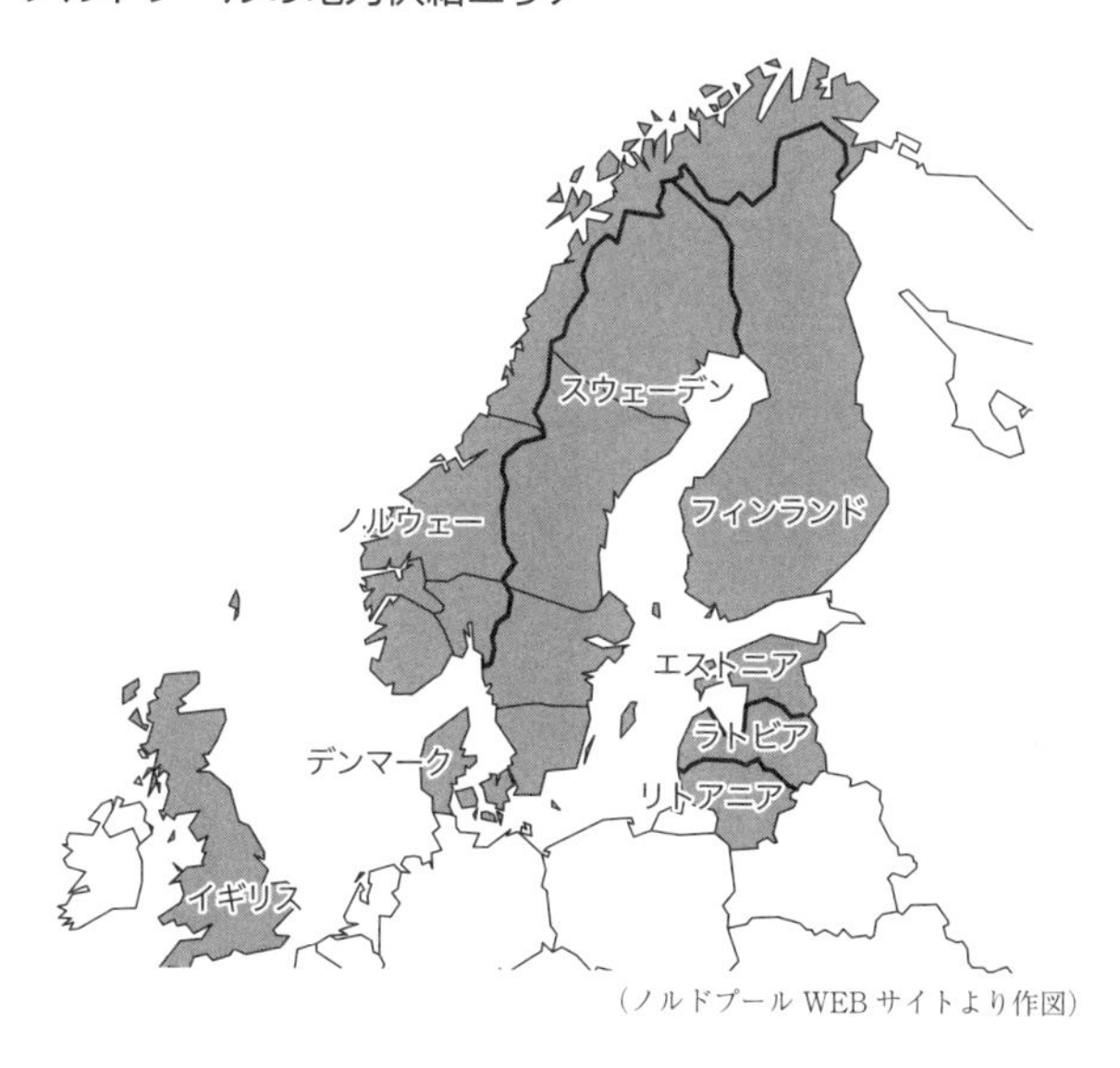

（ノルドプール WEB サイトより作図）

　ノルドプールでは、株取引のように変動する電力をデータ上で売り買いできるようになっています。発電会社や小売会社が電力の取引をするだけでなく、大口の顧客も参加することができます。また、一般家庭は小売会社を通じて電気を購入するのですが、その際に固定料金だけでなく、日々変動する市場価格に連動した電気料金にするメニューを選ぶこともできます。

　送電網の運用は独立した送電会社で、システム全体の安定に責任を持つとともに公正な市場競争が行われるよう、ノルドプール（市場）と協力しています。

　日本の大手電力会社は、これまで電力自由化や発送電分離に反対してきました。その主張は、多くの事業者が参入するようになると電力の需給調整が不安定になり、停電が増えるというものでした。しかし、このノルドプール加盟国では電力自由化と発送電分離の後、むしろ停電が少なくなっています。

送電網をきちんとした責任主体が担うのは当然ながら、発電や小売にかかわる事業者も、約束通りに供給できなければ罰金を支払わされるため、緊張感をもって仕事に当たっているのです。

やはり自由化では、何でも規制緩和をすれば良いというわけではなく、規制緩和する部分と、逆に規制を強めて弱肉強食にならないようにすること、そしてできたルールが守られているかを監視する審判役に強い権限を与えるということがとても大事になってくるようです。ノルドプールにはその後、バルト3国が統合され、欧州の送電網との連携も進んでいます。

自由化当初は独占が進んだドイツ

1998年、ドイツはヨーロッパの大国の中で一番遅く自由化しました。ドイツでは、電力自由化については初期にさまざまな問題が起きました。仕組みに不備があり、大手電力会社が市場を独占するという事態が起こったのです。少数の会社が支配するいわゆる寡占化(かせんか)です。

自由化した当初、当時の大手電力会社8社が安売り攻勢をかけました。1年目には価格が産業用で40%、家庭用で20%も安くなります。現在の日本の新電力会社による割引がせいぜい3%や5%にとどまっていることを考えると、20%というのは非常に大きな値引き幅です。ドイツでは他の中小の電力会社もやむなく同様に値下げしました。しかし託送料金が高かったこともあって、企業体力がない会社は1年程度で次々と撤退、大手に吸収されていきます。自由競争がうまく働かず、大手だけが勝ち残ってしまった背景には、送配電網や市場の運営を監視する独立した機関がなかったことがあげられます。

その結果、自由化から5年で4つの大手電力会社が85％の市場を支配することになりました。残りの15％は中小の数百もの電力会社で分け合ったのですが、これでは対等な自由競争とは言えません。自由化以前は、70％程度の電力市場を十数社がもっていたので、それより寡占化が進んでしまったことになります。

改革はここから始まります。ドイツ政府は「連邦ネットワーク庁」という規制機関をつくり、そこを中心に発送電分離を徹底的に行いました。企業体力のない会社にも不公平にならないよう、審判役を作ったのです。そのため現在では市場は大手ばかりが支配する形ではなくなってきました。電力自由化は、監督機関が機能しなければ必然的に送配電網をもっている会社が圧倒的に有利になります。監督官庁がルールを定め、おかしな方向に行けばすぐ規制するよう注意する必要があるのです。

残念ながら、今の日本でもドイツと同じようになる危険性があります。規制機関（電取委）が、どのような役割を果たすかについては未知数です。送配電網の所有は大手電力会社のままで、託送料金も高いままです。単に自由化すれば競争が激しくなるわけではありません。日本は、ドイツの事例を教訓にすることができるのでしょうか。

送配電網を買いもどしたドイツ市民

送配電網を誰が握るかがどれほど大切なのか、それを象徴するような動きがドイツで起きています。市民による送配電網買い戻しの動きです。

もっとも早かったのは、1990年代に起きたドイツ南西部のシェーナウ市の市民による配電網の買い取りです。当時、シェーナウ市と契約して、市内の電力をまかなっていたのは、ラインフェルデン電力（KWR）という大手電力会社でした。きっかけは1986年に起きたチェルノブイリ原発事故です。原発で作った電力はいらないと考えたシェーナウ市民は、KWRに電源を原発ではなく自然エネルギーなどに転換するよう要望をくり返します。

要望をまったく聞き入れられなかった市民グループは、自ら電力会社「シェーナウ電力会社（EWS）」を設立しました。そして、2度にわたる住民投票で勝利したうえ、ドイツ全土から寄付をつのるなどして、市との契約の権利を勝ち取ります。さらに1997年にKWRから配電網を買い取ることに成功、実際の配電事業と小売事業を開始します。

1998年にドイツで電力自由化が始まったのちも、EWSは自然エネルギーの電力を供給する会社として躍進し、2015年時点でドイツ全土に16万世帯の顧客を抱えるまでに成長しています。シェーナウの人たちは、自分たちが使うエネルギーのことを自分たちで決める権利を、このような形で取り戻したのです。その取り組みは、『シェーナウの想い』というドキュメンタリー映画になって、日本をふくめて世界中で上映されています。

とはいえ、シェーナウは人口２６００人の小さな町です。小さな町だからできることだと思われるかもしれません。ところが、２０１４年にははるかに大きな町でそれと同じようなことが実現しました。

ドイツ第二の都市で地域電力会社が誕生

２０１４年に大きな変化が起きたのは、ドイツ第二の都市であるハンブルクです。ハンブルクの人口は１８０万人で、都市圏全体では５００万人が暮らしています。この大都市で、自治体が民間の大手電力会社から配電網を買い戻し、自治体が運営する配電網公社が立ち上がるという動きが起きました。その際に大きな役割を果たしたのが、一般市民の強い意志と行動力でした。

ドイツではもともと、地方自治体の多くが電力事業を手がけてきた歴史があります。しかし電力自由化が始まった２０００年前後から、自治体が所有していた電力事業や配電網を民間企業に売却されるようになりました。公営事業の民営化という流れが起きたのです。

ハンブルクの電力も、19世紀末から市が運営するハンブルク電力公社が担っていましたが、この時期に売却しています。売却先は、スウェーデンに本社があるヴァッテンファルという大手電力会社です。しかし、ヴァッテンファルは原子力発電所を所有していることに加えて、２００４年からはハンブルク市の南部で石炭火力発電所の建設計画を進めました。

ハンブルク市民は、ドイツの中でも特に環境問題に意識が高いことで知られています。市としても自然エネルギーの導入や気候変動対策などについて先進的な政策を実現し、２０１１年には「欧州環境首都」にも選ばれています。そのため多くの市民は、ヴァッテンファルの計画に反対しました。その後、石炭火力発電所は予定通り建設されてしまいますが、市民グループは配電事業を市民の手に取り戻そうと動き出します。

ドイツでは、配電網の利用権が、通常は20年に一度、契約更新がされることになっています。そこで利用権の更新時期が迫った地域で、市民や自治体が配電網を買い戻す動きが起きています。ハンブルクでは、ちょうど２０１４年が契約を更新する年でした。

当初、自治体の側は配電会社を運営することに消極的だったので、自治体と市民の間ではさまざまなせめぎあいがありました。しかし２０１３年に住民投票が行われ、僅差で市民の提案が支持されます。それによって市が１００％出資する配電網公社が設立することになりました。新たに設立されたハンブルク配電網公社は、ヴァッテンファルから配電網を買い戻し、２０１４年の春から事業を始めました。

ハンブルクの例は、シェーナウの動きとはまたちがう意味をもっています。自然エネルギーのポテンシャルが少ない都市部では、発電設備を作るのは難しくても、このような形でエネルギーについて意思表示ができることを示しています。そしてドイツ第二の都市でこのような動きが起きたことは、日本にたとえれば第二の都市である大阪市と市民が、関西電力から配電網を買い取ったようなことを意味をしています。

エネルギーを通じた地域経済の見直しや、原発や石炭火力発電に頼らない社会の実現を求めて、このような動きがドイツ各地に広がっています。２０１３年末には、ドイツ最大の都市ベルリンでも配電網の買い取りをめぐって争われ、住民投票まで持ち込まれました。結果は僅差で可決されませんでしたが、このような動きが盛んになっていることは、送配電網の所有権がいかに大切かについて市民の意識が高まっていることを示す結果となっています。２０１０年以降、ドイツでは配電網の自治体への買い戻しが１９０件以上にのぼりました。

制度のちがいもあるので、日本でドイツと同じような送配電網の買い戻しができるわけではありません。しかし、市民が自治体や大企業を動かしたり、国のエネルギー政策を変えるきっかけを作る役割が、日本でもできる可能性はあります。今、地域を主体とする新電力会社が次々と誕生しているのも、エネルギーを地域住民のために運営することの重要性に気づいた人々が増えてきていることの表れではないでしょうか。

5章　これからの自然エネルギーと原発

電力自由化と自然エネルギー

電力システム改革は、自然エネルギーを増やせるかどうか、ということにも深く関わってきます。自然エネルギーによる電力を増やすためには、設備を増やすだけでなく、送配電会社が自然エネルギーの電力を送配電網につなぐ必要があるからです。もちろん、電力システム改革さえ行えば自然エネルギーが自動的に増えるわけではありませんが、ドイツやデンマークなどでは、公平で中立な送配電網を実現した電力システム改革が、自然エネルギーの増加を後押ししました。電力自由化をふくめた電力システム改革が公正に行われることは、自然エネルギーを広めるための前提条件となります。

デンマークは、風力発電だけで年間発電電力量の40%以上をまかなっています（２０１５年）。その背景には、発送電分離によって自然エネルギー設備を公平に送配電網につなげられるようになったことがあげられます。さらにデンマーク政府は、送配電会社に対して風力発電を優先的に送配電網へ接続することを義務付けます。また、今まで送配電網がなかった地域への送電線の建設を義務付けました。これによって、風力発電を各地で建設しやすくなりました。送配電会社は必要な費用を託送料金から回収できるので、自らの負担にはなりません。

そのような政策をとることで、短期的には設備投資などによって電気代が上がります。しかし長い目で見れば、エネルギー自給率の向上や、環境負荷の低減、将来的な燃料コストの低下といった、国民にとってメリットをもたすことになります。デンマークでは公平な送配電網の利用に加えて、政府が積極的に導入の支援をすることで、風車が爆発的に普及しました。

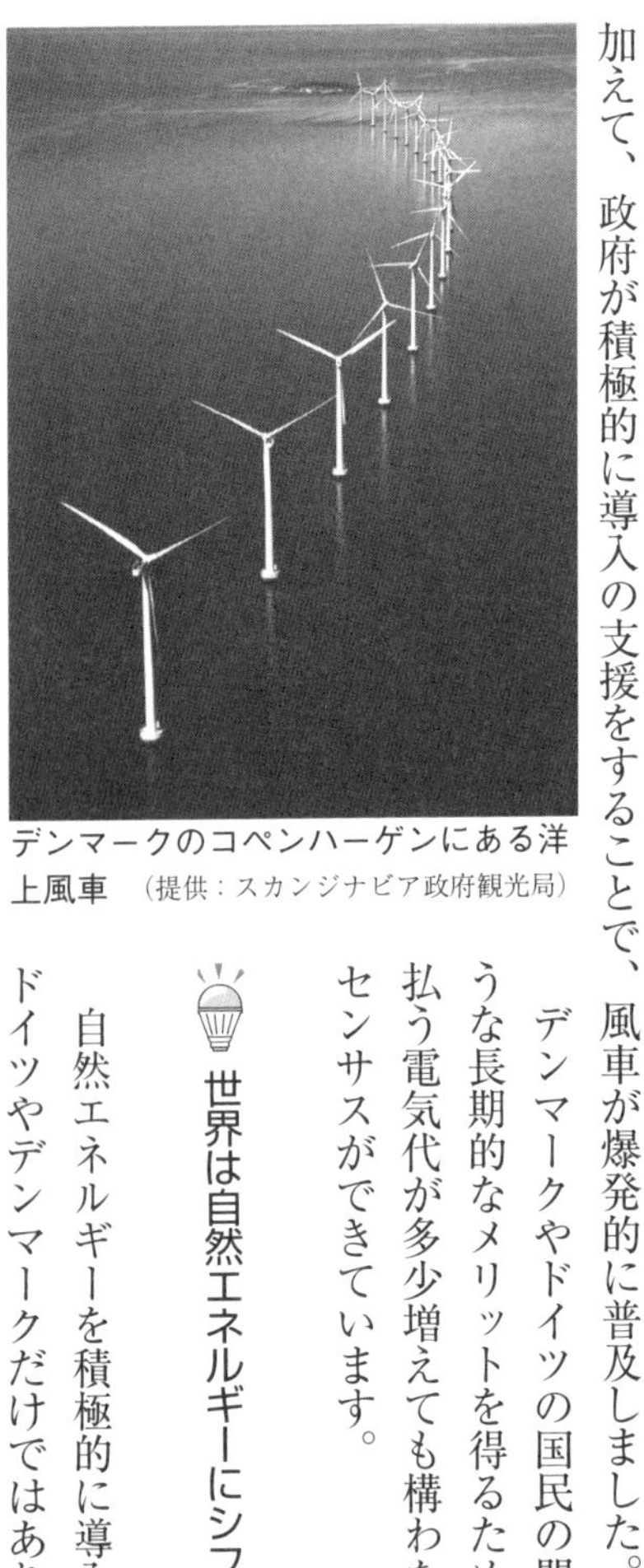

デンマークのコペンハーゲンにある洋上風車　（提供：スカンジナビア政府観光局）

デンマークやドイツの国民の間には、そのような長期的なメリットを得るために、今現在支払う電気代が多少増えても構わないというコンセンサスができています。

世界は自然エネルギーにシフトした

自然エネルギーを積極的に導入しているのは、ドイツやデンマークだけではありません。２０

図18　自然エネルギーへの投資は世界規模で増え続けている

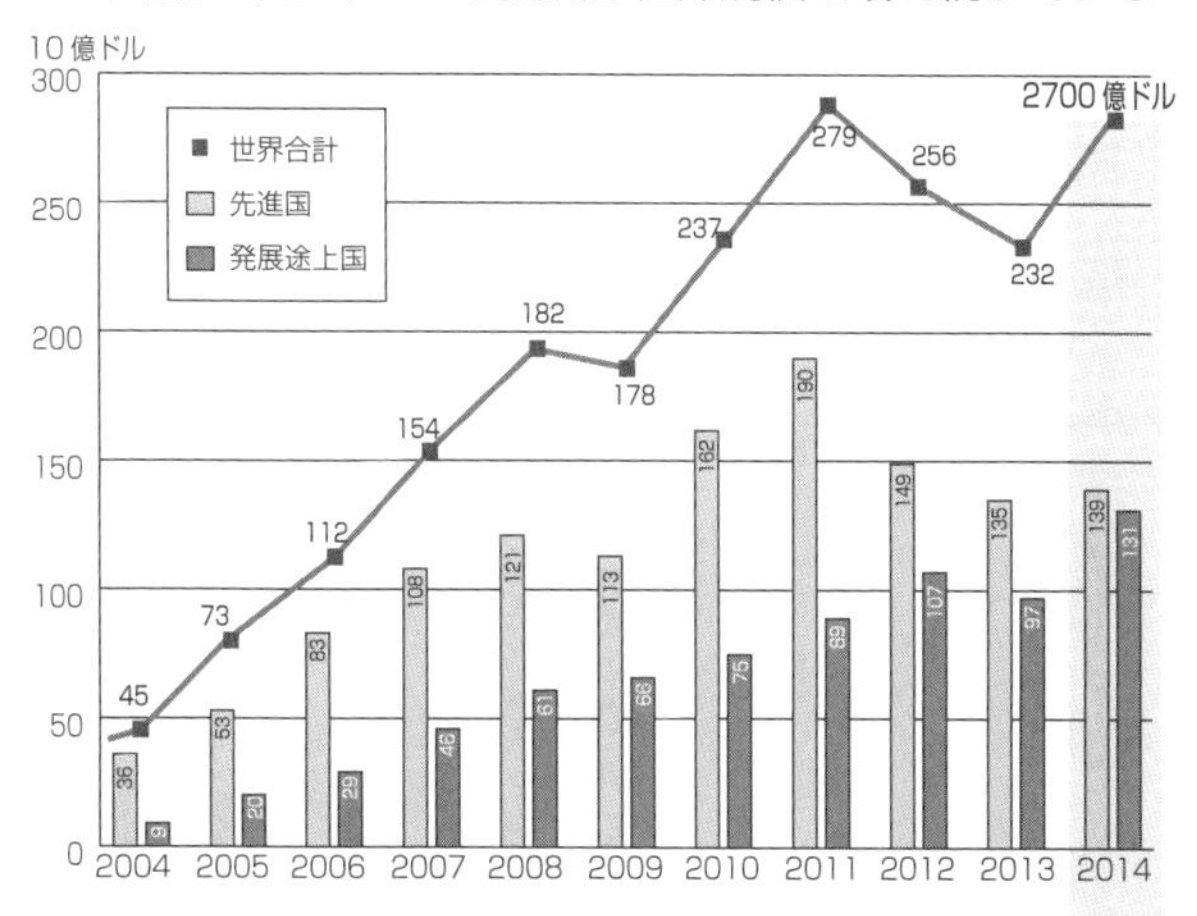

（2004年～2014年、REN21、自然エネルギー世界白書2015より作図）

１５年には、世界全体で風力発電の設備容量[※1]が原子力発電の設備容量を上回りました。消費電力量における自然エネルギーの割合は、ＥＵ28カ国平均で28・１％、個別の国ではオーストリア66・２％、スウェーデン61・９％、デンマーク51・９％、スペイン40・４％、ドイツ27・８％、フランス18・４％などとなっています。[※2]

欧州だけではありません。日本ではあまり知られていませんが、中国も自然エネルギー導入にとても積極的になっています。すでに中国の風力発電の導入量は世界一でしたが、２０１５年末には太陽光発電でもドイツを抜いてトップに立ちました。[※3]

世界的な流れで重要なことは、自然エネルギーが拡大したことによって発電コストが低下したことです。このため欧州では、風力発電（陸上設置型）が補助金に頼らず他の発電方法と競争力をもつようになっています。このようなコスト低下の流れが続けば、経済的にみても原発や石炭火力ではなく、自然エネルギーが選ばれるようになっていくことでしょう。

世界的には、新規に導入される発電設備の数や容量、投資額などをみると、風力や太陽光などの自然エネルギーが火力発電を大きく上回っています。よく「環境か経済か」どちらを選ぶかという議論がありますが、現実はその議論を越えています。自然エネルギーの増加によって、「環境も経済も」どちらも両立しうるようになってきているのです。

日本では、自然エネルギーを増やしていけるでしょうか？　日本での議論では、自然エネルギーは「他の電源に比べてコストが高い」「不安定だから送電網にたくさん入れるのは無理」と言われることがあります。しかし、こういった議論は誤解に基づいた情報で、世界的な常識とは異なります。その解説もふくめて、自然エネルギーをどうしたら増やせるのか、増やす際の注意点は何かについて紹介します。

※1　設備容量　その発電設備が、どれくらいの量を発電することができるかを示す最大出力の値。ただし年間の発電電力量はこの設備容量に発電効率をかけた数字になるため、常に最大出力で発電しているわけではない。２０１５年末時点の世界の風力発電の設備容量は４３０ギガワットで、原発は３８０ギガワット（１ギガワット＝１００万キロワット）。

※2　EurObser'ver の２０１４年のデータより

図 19　日本政府の掲げる 2030 年の目標値

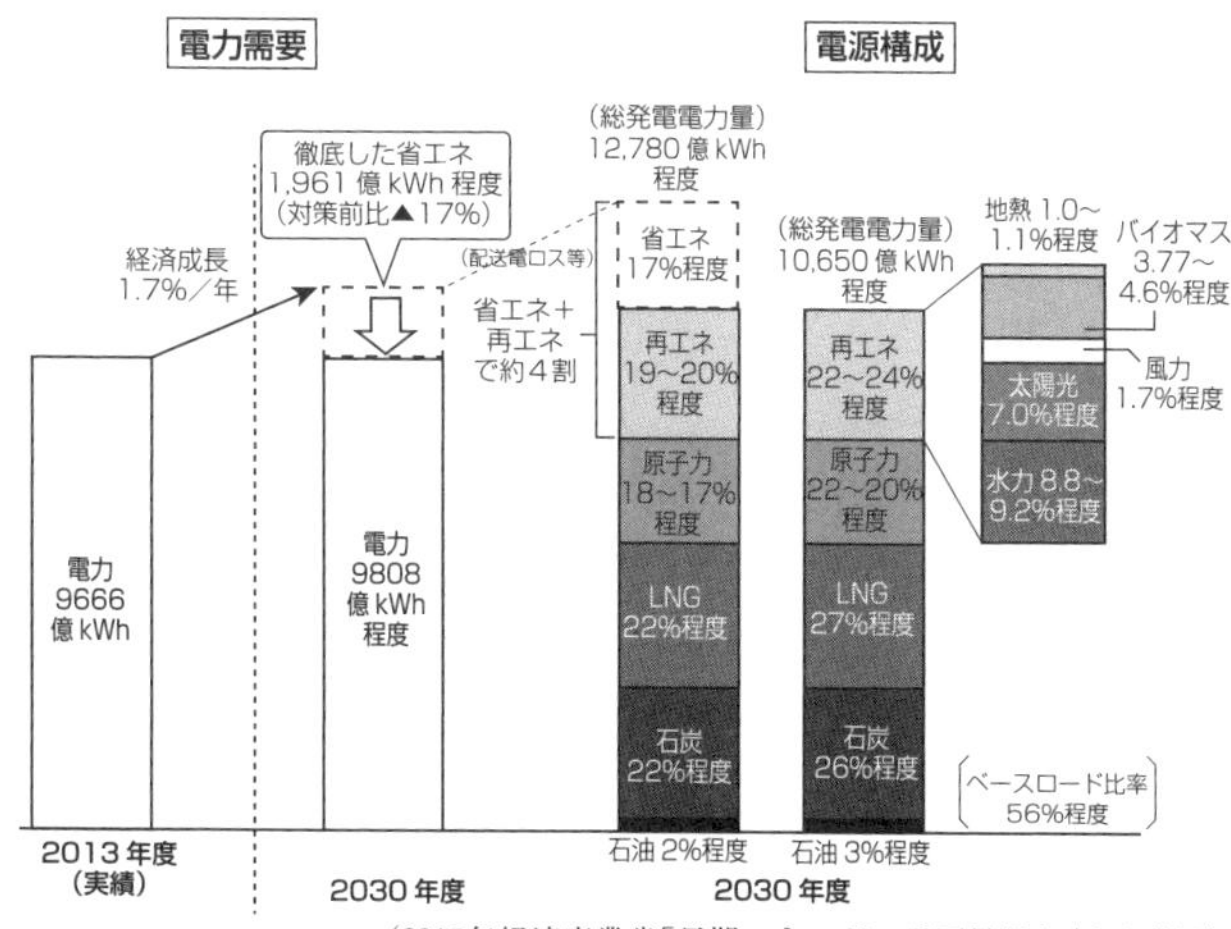

（2015年経済産業省「長期エネルギー需要見通し」より作図）

※３　IRENA（国際再生エネルギー機関）Renewable Capacity Statistics ２０１６より

政府の目標は低すぎる

２０１５年、日本政府は将来の電源構成の導入目標を掲げました。そこでは、自然エネルギーの割合を２０３０年度に22％～24％にすると設定しています。24％なら多いと思う方もいるかもしれませんが、２０１４年の時点で日本の自然エネルギーはすでに12・６％あります。そのうちわけには、古いダム式の水力発電所が６．６％ふくまれています。ダム式の水力発電をのぞいた自然エネルギー電源は現状で６％程度です。12％を22％程度にしようということは、15年後の２０３０年時点までに10％ちょっと増やそうというレベルの話になります。

これは先進国としては少なすぎます。自然エネルギーの割合が22％～24％という数字については、ＥＵ28カ国のうちおよそ半分の13カ国が２０１４年時点ですでにその数字を上回っているのです。中でも日本よりも大規模な水力発電のポテンシャルが少ないドイツは、同じ２０３０年の目標値として50％という目標を掲げています。日本には、ドイツや北欧に比べて自然エネルギーの資源が大量にあります。その高いポテンシャルを積極的に活かすべきときが来ているのです。

なお、この政府（経産省）が作成した２０３０年の目標値の前提として、毎年１・７％の経済成長を見込んだ電力需要を予測していますが、急激な人口減少が続く日本社会で、ここまで経済成長や電力需要が伸び続けるとは考えられません。そもそも社会に必要なエネルギーがどれくらいなのか、効果的な省エネ対策もふくめて考え直す必要があるのではないでしょうか？

欧州にできても、日本にはできない？

自然エネルギーを大量に導入しようというと「欧米のマネをしようとしても日本にはできない」と主張する人もいます。たとえば「欧州は国を越えて送電線がつながっている。島国の日本はどの国ともつながっていないので、不安定な再エネを吸収できない」という理由からです。しかしこれは誤解です。

４章で取り上げたように、北欧４カ国（デンマーク、ノルウェー、スウェーデン、フィンランド）を中心とする「ノルドプール」と呼ばれる電力取引市場があります。これらの国々は、国際連系線によって電力の融通をしています。デンマークは、2015年の年間発電電力量に占める風力発電の割合が42％になりました。風が強いときには100％を越えるので、デンマークの中だけで消費しきれません。あまった電力はノルウェーなどに売電することになります。

一方、山の多いノルウェーは水力発電が中心なので、その際は水力発電を止めて、デンマークであまった風力発電の電気を安く購入して調整しています。風力発電の電気をあまったからといって捨てることはなく、電力を融通することで水力発電で吸収し、有効活用しているのです※。

これと同じことは日本でも可能です。ノルドプールの中心になっている4カ国を合計すると、国土面積は日本の3倍ですが、人口はおよそ2500万人で、日本の5分の1程度になります。そしてノルドプールが取引している電力の量は、東京電力の販売量とほぼ同じです。4カ国でやり取りをしているといっても、ひとつひとつの国の扱う電力の量は、日本の大手電力会社ひとつひとつと同じ程度かそれ以下なのです。国家という枠組みだけで考えて「日本はどの国とも送電線がつながっていないからできない」と判断するのではなく、電力会社のエリアを越えたやりとりを頻繁にする仕組みに変えれば、今ある設備でもある程度の調整は十分に可能になります。

もちろん、筆者は欧州がエネルギーについてすべてがうまくいっている理想郷であるなどとは言っていません。しかし、20年前から電力システム改革を進め、自然エネルギー導入量を飛躍的に高めたこれらの国々の先進的な取り組みに学ぶことで、日本はより効率的にエネルギー資源を活かせるはずです。

※　デンマークの風力発電の電力がすべてノルウェーなどの北欧に送られているというわけではなく、地続きの欧州で活用されることもある。

自然エネルギーはコストが高い？

よくある誤解のひとつに、「自然エネルギーはコストが高い」というものがあります。しかし前述したように自然エネルギーの普及が進んだ欧米の風力発電（陸上設置型）では、すでに化石燃料による火力発電のコストと同じか、それより安くなる場合があることが明らかになっています（国際再生可能エネルギー機関、２０１５年8月の報告書より）。

自然エネルギーは、バイオマス発電を除いて燃料費がかかりません。燃料費の高騰に左右される化石燃料とはちがい、コストの大半は、設備の建設にかかわる費用になります。携帯電話やパソコンがそうですが、小規模分散型の設備は大量に作れば作るほど、製品の性能は上がり、コストが下がる傾向にあります。そのため長期的なコスト計算がしやすい電源と言えます。

原子力はこうはいきません。発電にかかる費用だけを見れば原発のほうが安いように見えますが、実際は廃炉費用、核廃棄物の処理費用、福島第一原発事故などを受けて新規に必要となった安全対策費用、そしてそれでも事故が起きた場合の事故対策費用などが十分に上乗せされている

図20　ドイツの太陽光発電設備の価格は年々下がっている

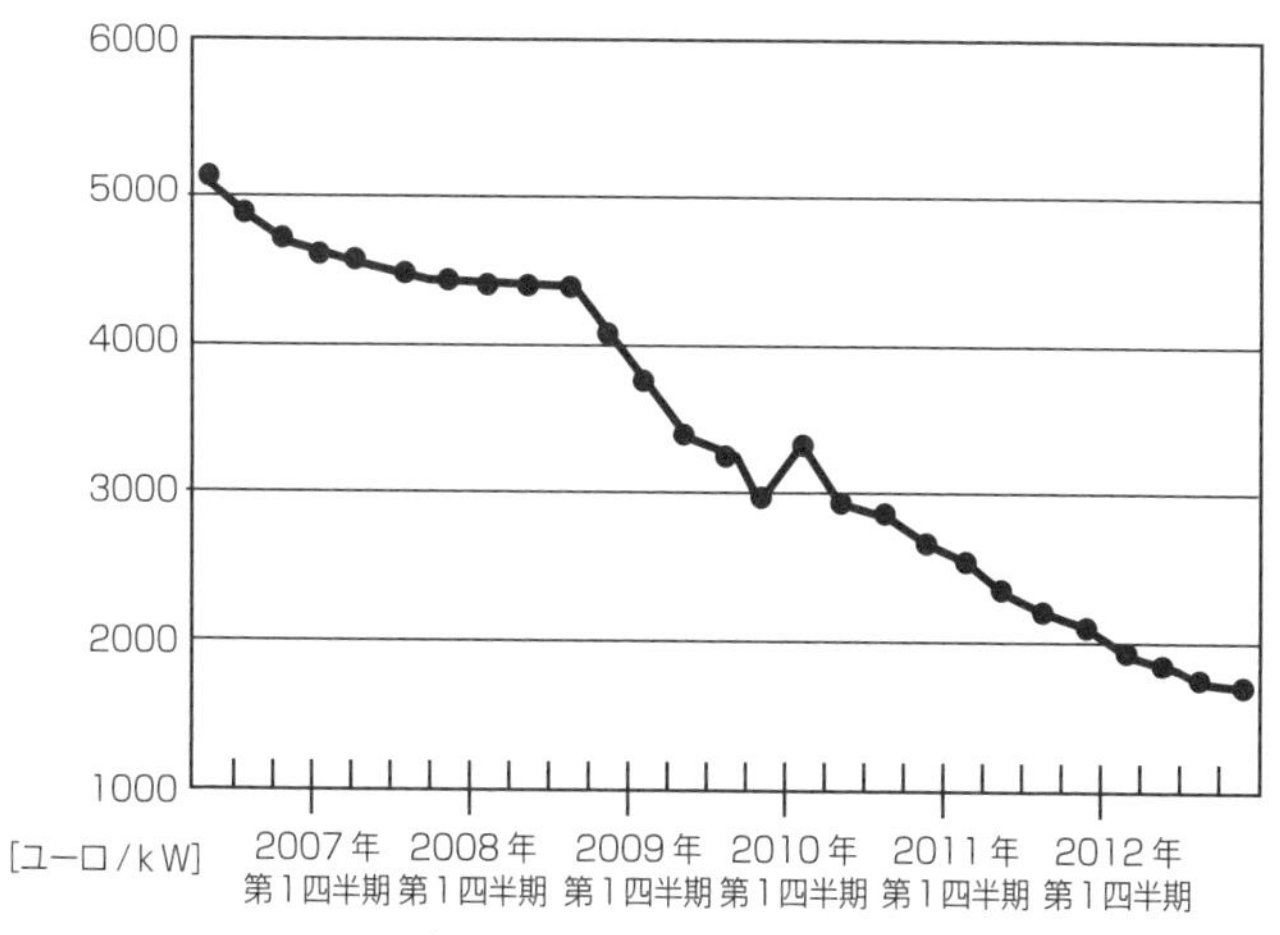

(BSW-Solar, 2013, Photoviltaik Preismonitor.より作図)

とは言えないからです。

確かに、まだ自然エネルギーの普及が進んでいない日本では、設備や建設のコストが高いままです。また煩雑な規制の問題や、電力会社の送電網への接続が制限をされるなど、自然エネルギーを活かす社会的な制度が整っていないこともコスト面に影響しています。しかしその日本でさえ、太陽光発電設備のコストは数年前の半分程になってきています。設備を大量生産することで、価格が下がることは世界中で実証されているのです。

ヨーロッパでは、自然エネルギーによる電力を優先的に送電網に接続するなど、積極的に新しいシステムを取り入れてきました。日本のように、大規模な火力発電や原子力発電で作った電気を優先する旧来の電力システムを前提に、自然エネルギーのキロワット当たりの発電コストを単純に計算すると、他の電源よりも高くなる場合が多いのですが、そのシステム自体を見直せば、既存の電源より安くすることも可能になります。

何を基準にコストを考えるか？

欧州はなぜ自然エネルギーを優遇しているのでしょうか？　その背景には、気候変動などの環境コスト（環境破壊によってもたらされる費用）の問題と、エネルギー自給率を高めるという狙いがあります。

自然エネルギーは、化石燃料と異なり、温室効果ガスをふくめた有害物質をほとんど排出しないという特徴があります。また、原子力のような放射性物質の問題も生じません。温室効果ガスや放射性物質は長期的に見て、環境を悪化させることで新たなコスト負担を生じさせます。このようなコストは「環境コスト」と言われます。欧米ではこの環境コストが重視され、環境税や炭素税といった形で課税されるようになっています。日本ではまだこの点が重視されず、単に発電にかかわるコストだけで化石燃料と自然エネルギーが比較されてしまうのですが、そもそも何を基準にコストを考えるかで、「高いのか、安いのか」という議論は変わってきます。

また、エネルギー自給率を高めることはもしものときの安全保障にもなります。ヨーロッパはロシアの天然ガスに依存する割合が高いのですが、ロシアとの関係が悪化すれば供給を止められてしまう可能性もあります。そこで懸命に自給率を上げようとしているのです。90%以上のエネルギー資源を海外からの輸入に頼っている日本も、もっと自給率の向上に努力すべきではないでしょうか？　発電する際にいくらかかるのかというコスト計算だけで比較していると環境コストと自給率という重要な視点が抜け落ちてしまいます。

お天気まかせで不安定？

国は、「自然エネルギーは、お天気まかせで不安定な電源だ」「安定して発電できる原子力の代わりにはならない」と位置付けています。これも誤解です。国は、いつでも同じ量の発電をする電源を「ベースロード電源」と位置づけ、太陽光や風力のように変動する電源は、「おまけ」的な扱いをしてきました。

しかし、そのような「ベースロード電源」という考え方は世界ではすでにひと昔前の古い考え方になっています。これは「変動しない電源＝安定している」、「変動する電源＝不安定」とはならないということを意味します。欧州ではなぜ自然エネルギーが不安定だと考えられていないのでしょうか？

確かに太陽光や風力による発電量は、気象条件によって変化します。でもそれは「予測不能な変化」ではありません。自然エネルギーの先進国は綿密な気象予測システムを活用して先読みを

図21　経済産業省制作のイラスト
（自然エネルギーが原子力や火力の代替にならないことを示す）

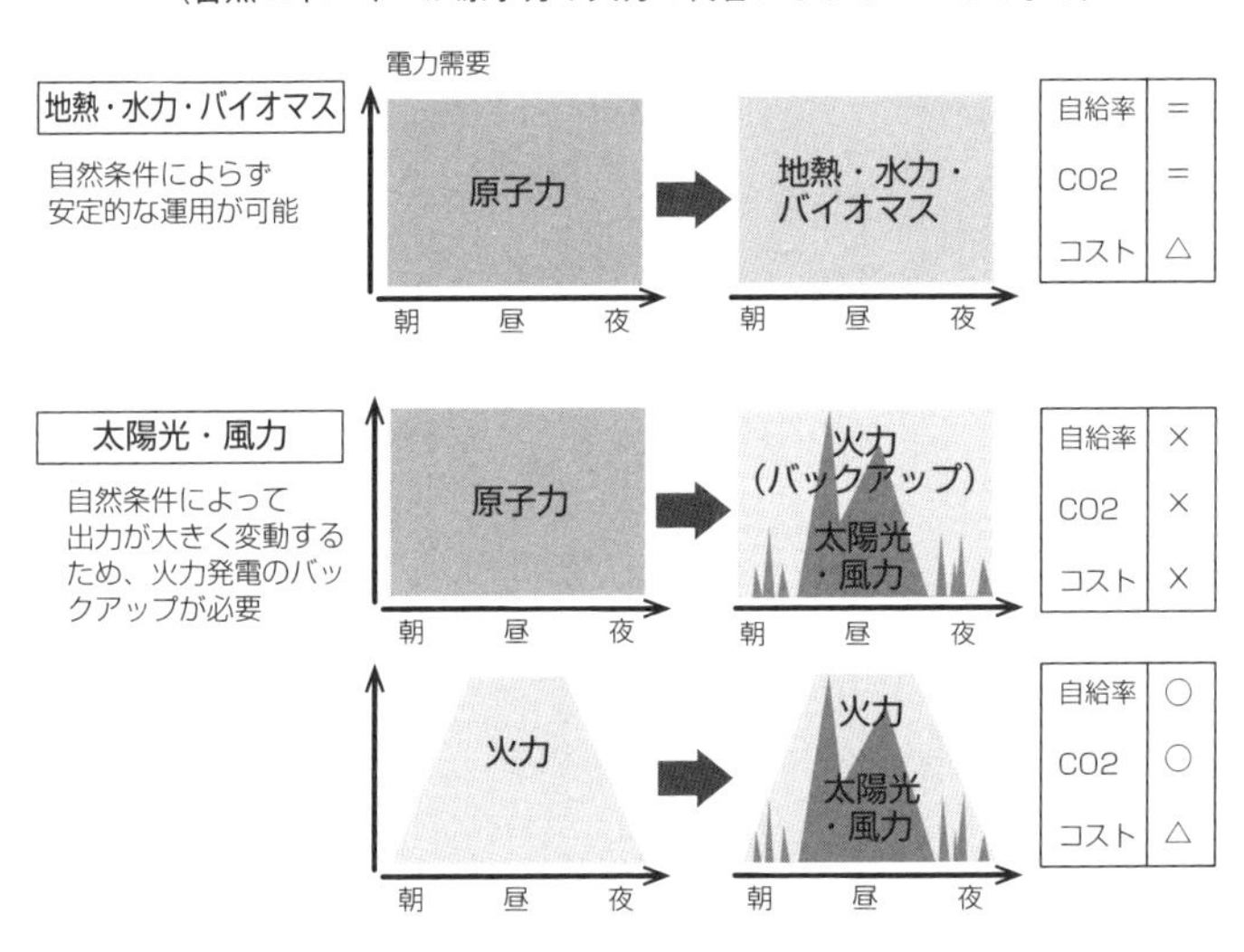

し、供給する電力の計画を立てています。そのシステムは年々精度を増し、自然エネルギー電源が国の年間発電量の30％を超え、一時的に100％を超えるような場合でも制御できるようになってきています。世界ではすでに「変動することが問題」ではなく、変動する自然エネルギーを調整することが、送配電網の運用の前提になっているのです。

よく、風車1基の発電状況を示して、「自然エネルギーはこんなに変動して不安定だ」と説明する図があります。図21は経産省が自然エネルギーの不安定さを示しているものです。でもこのような説明をしている国は、世界中で日本しかありません。

確かに1台の風車だけを見れば数秒単位で変動します。しかし、雲や風は移動します。ある地域で風が吹かなくても別の地域では吹

図22　自然エネルギーは十分電源として活用できる

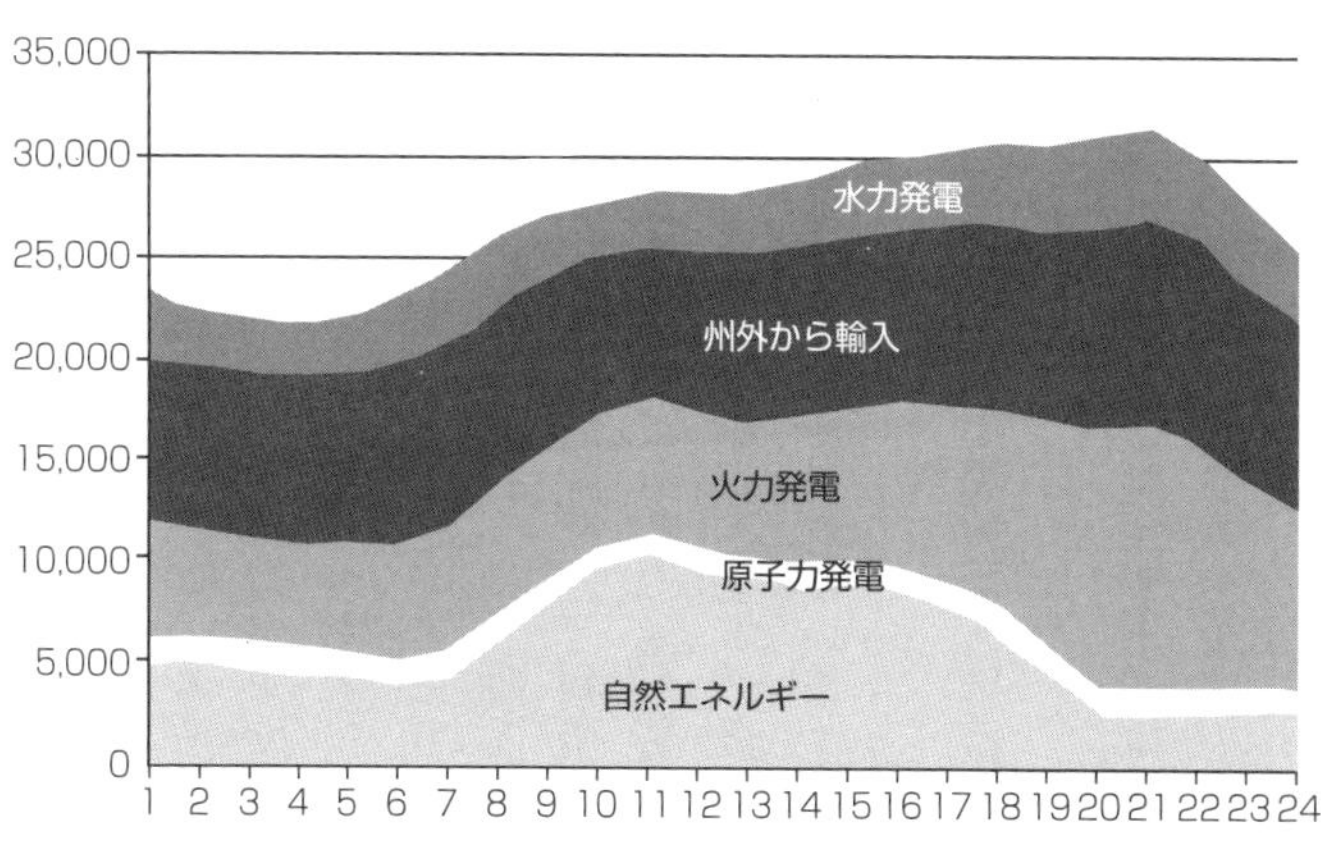

カリフォルニアの独立送電会社「California ISO」によるレポート
（2016年5月7日のデータ）

いています。広いエリアにたくさんの風車を並べれば、すべてが回っていないということはほとんどありません。太陽光についても同じことが言えます。

広い地域に多くの種類の自然エネルギー設備が設置されれば、変動はなだらかになります。そして年間の発電電力量をトータルで考えると、十分にベース電源の代わりとすることができます。

図22は自然エネルギーの変動をうまく吸収している米国カリフォルニア州の電源（2015年）の内訳です。このような地域では、自然エネルギーをベースに需給調整をしています。つまり、電源は需要と供給が合っていればいいのであって、ベース電源が変動するかどうかはあまり関係がありません。

自然エネルギーを活かすためには、日本全体で、需要と供給をどうマッチさせるのかという視点が重要です。これを「広域運用」と言います。その視点に立ってシステムを見直せば、日本の技術力をもってすれば不可能なことではありません。

ちなみに、変動する自然エネルギーを活かすために蓄電池を多く入れるべきだという意見があります。しかし、蓄電池はコストが高く個別の自然エネルギー設備に入れると採算が取れなくなるため、欧州では一般的に使われていません。自然エネルギーの変動は送電網の中で吸収すればある程度コントロールできることが欧州で実証されているため、大量の蓄電池は必要ありません。蓄電池は、自然エネルギーの変動を抑えるためではなく、災害時の非常用電源や、電気が止まれば生命の危険がある病院などで利用すべきでしょう。なお日本にはすでに、100万キロワット級の原発20基分以上にあたる揚水発電所が導入されています。この揚水発電所は、巨大な蓄電池として活用することができます。また、一般家庭レベルでは、将来的には電気自動車が蓄電池の役割を果たせると期待されています。

問題は「変動する電源」ではない

今の日本の送電網の利用ルールは欧州とは逆で、原発の電気から優先的に使うことになっています。そのような「自然エネルギーは変動するからダメだ」とする日本独自の風潮は、むしろ日本のエネルギーにまつわる政策やシステムの古さを象徴しています。自然エネルギーという新し

図 23　変動する自然エネルギーを組み合わせて活用

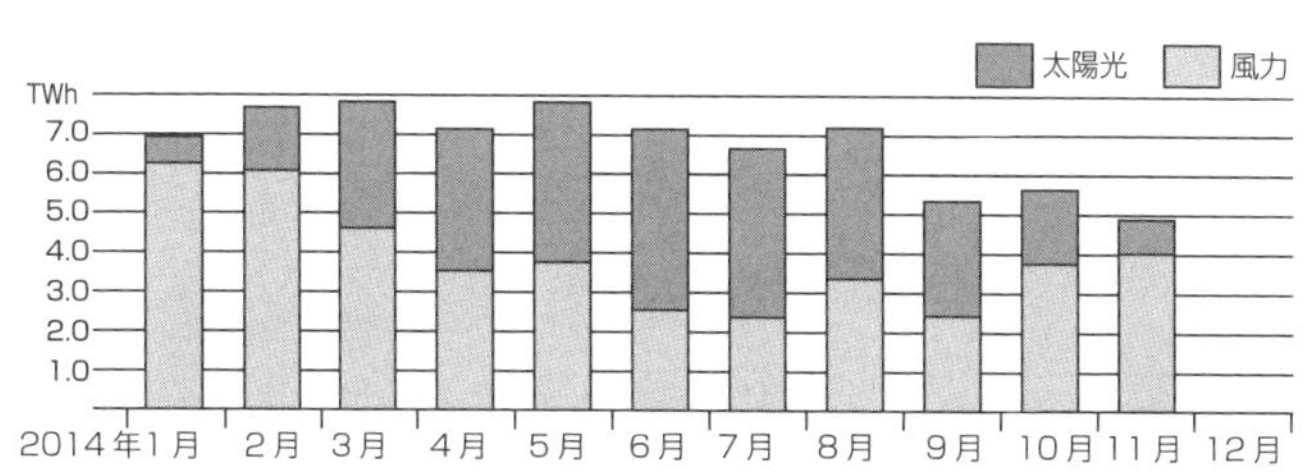

ドイツの 2014 年 1 年間の太陽光発電と風力発電による発電量。冬は風力発電、夏は太陽光発電が多く、組み合わせて年間を通すとおおむねバランスが取れる。
（ドイツ・フラウンホーファー研究機構のデータより）

い技術を導入し、積極的に活かしていくためには、新しい取り組みが必要です。欧州では、自然エネルギーを活かすために送電網の運用について工夫が重ねられてきました。

日本では、原発や火力に代表される古い発電源しかなかった時代の古い運用のやり方を変えずに、「変動する自然エネルギーは送電網に入れられない」と言っています。本当は新しい状況に対応できない、あるいはしようとしない国や電力会社の古い体質が問題なのに、「変動する自然エネルギー」に問題があるかのようにすり替えているといってもいいかもしれません。

地域の利益にできるか？

自然エネルギーだからといって、なんでもいいというわけではありません。自然エネルギーの設備は、化石燃料の設備に比べて小規模です。環境への負荷も比較すると小さなものですが、ゼロではありません。開発の際には、他の開発事業の場合と同様に、環境影響をふくめてきちんと調査する必要があります。

また、設備の設置には地域住民の合意を取ることも大切です。最近では大規模な太陽光発電所の普及に伴い、事業者がずさんな工事を行い、景観の悪化や災害時に悪影響を及ぼす例も出てきています。大規模な太陽光発電については、これまで環境影響に関するガイドラインなどがありませんでした。今後は緻密なルール作りが必要とされてくるでしょう。

筆者は、風の吹かないところに建てられた風車や、止まったままのバイオマス発電所などをいくつも見てきました。その多くは、国や自治体の補助金で作られたものですが、これらの事業の多くでは、設備を作ること自体が目的になっていました。工事を請け負うゼネコン、設備の納入業者などには利益が入ります。また設備さえできてしまえば、国の関連エネルギー機関や、自治体の担当部署は、「こんなに立派なものを作りました」というわかりやすい「成果」を示すことができます。数年後に設備が動かなくなっても担当者は異動になっているので、責任はうやむやにされてしまいます。しかし、その費用を支払う住民や国民には何のメリットもありません。

自然エネルギー設備であっても、他の公共事業と同じように、長い目で見て市民にとって役に立つ施設になるかどうかという視点が欠けていれば、そのような無駄な設備ができてしまうのです。

それは民間の事業でも同じことが言えます。外部の事業者がある地域に土地を借りて大規模な太陽光発電所を作り、売電収益を得るようなケースでは、地域にはメリットが還元されません。太陽光にしろ風力にしろ、地域のエネルギー資源はできるだけ地域のために使われるべきもので

栃木県佐野市にある太陽光発電所。景観が悪い上に、災害時にも周囲に飛ばないか心配だ。

す。地域の資源を活用して、単に外部の事業者が潤うだけでは、地域は活性化することができません。
　同じ規模の太陽光発電所を作るにしても、事業主や部材の調達、工事を誰が手がけるかで、地域への影響はまったくちがってきます。地域の事業者を中心に仕事を回した場合と、地域外の資本に頼った場合とでは、経済効果が2倍程度ちがうという研究結果も発表されています。自治体にしろ、民間にしろ、地域で自然エネルギープロジェクトを実施するのなら、できるだけ地域の所有にして、地域内でお金を循環させるようにするべきでしょう。

※立命館大学のラウパッハ＝スミヤ・ヨーク教授と環境エネルギー政策研究所（ＩＳＥＰ）の共同研究より。

バイオマス発電の落とし穴

自然エネルギーの中で特に注意しなければならない

のが、バイオマス発電です。バイオマスとは、動植物などの生物エネルギーのことで、特に広がっているのが木材を燃やして発電や熱にする木質バイオマス利用です。太陽光発電とちがい、24時間にわたって安定した発電が得られる木質バイオマス発電は、自然エネルギーの割合を高めたい小売会社には魅力的な存在となっています。また、うまく循環型のバイオマス利用ができれば、日本の長年の課題となっている森林の整備や農山村の雇用創出にもつながる広がりのある事業になります。

しかし、自然エネルギーの中で、太陽光や風力などは燃料がいりませんが、バイオマスは木材を燃やすため、燃料を必要とします。そのため、他の電源とは異なるさまざまなハードルがあり、安易に始めると大きな失敗につながります。

木屑を固めてつくられたペレット。製造に手はかかるが、燃焼効率が良く、ボイラーやストーブに自動投入できるというメリットがある。

木材を燃やす木質バイオマス発電は、投入したエネルギーの20%程度しか電気として活かせません。発電した際に排熱として出てくる熱エネルギーのほうが多いので、ヨーロッパで木質バイオマス利用といえば、発電だけでなく、熱を活用して暖房に使うなど[※1]、発電と熱の両方を活かす設備が一般的になっています。このような設備は、ひとつのエネルギーで発電と熱の両方を得ることから「コージェネレーション（コ

群馬県上野村の製材工場。村には、バイオマスを利用して発電と熱利用を兼ねたコージェネレーションシステムも導入されている。

ジェネ）」と呼ばれています。「コー」は「2つのを」意味し、ジェネレーションは「発電」や「熱供給」を意味しています。コジェネのエネルギー変換効率は、理論上は80％以上になります。

しかし日本ではFITによってバイオマス発電の売電価格が優遇されるようになったため、各地で出力5000キロワット以上の大型バイオマス発電所が次々に建設されました。ほとんどは熱エネルギーを捨てて、発電だけを行う設備です。これではせっかくの山の資源が十分に活かせません。

また木質バイオマスは、本来は建築材などから出た端材を燃料にするのですが、高く売電できるからといって、これまで製紙用に使われていた木質チップなどが投入されるようになりました。資源の奪い合いのようになることで、紙の値段が値上がりするなど、他の産業への影響も出てきています。

さらに、海外から「やしがら」や「チップ」「ペレット」[※2]を輸入して燃やす事業者もいます。これは輸入エネルギーになってしまうので、地域資源を活かしてエネルギー自給率を高めることにはつながりません。

欧州でも、国内のバイオマス資源が十分にないオランダ、イギリス、デンマークなどは国外からバイオマス燃料を輸入しています。しかしEUは、違法伐採ではないかといったことや、温室効果ガスの削減効果がどの程度かについてなど、持続可能なものかどうかを評価する基準を推奨し、各国ではそれに基づいて基準が作られています。特にデンマークでは、バイオマスを手掛ける際には必ず熱利用をするよう義務化しています。

日本は、森林の占める面積が国土の67％という、世界でもトップレベルの森林大国です。そもそも、イギリスやデンマークのように森林資源を輸入する必要はありません。また、輸入するにしても欧州のような評価システムがありません。現在のFITの制度は、「木を燃やせばなんでも優遇した価格で買い取ります」ということになっていますが、「地域資源の活用」という本来の目的に立ち返り、制度を改める必要があります。

バイオマスのエネルギー利用には注意が必要だということは、すでに立証されています。国は、2002年から「バイオマスニッポン総合戦略」を掲げ、バイオマス関連事業に10年間で1400億円ほどの予算を投入しました。しかし、2011年末に総務省が発表したその評価では、関連事業の9割で効果が上がらず、その多くは目的すらはっきりしない事業だったと総括されました。各省庁がそれぞれバラバラにプロジェクトを進めていたことも、失敗の原因のひとつになりました。このようなことをくり返さないよう、目先の利益だけではなく、木材をうまく活用して、森林の保全から資源の有効利用までふくめたていねいな仕組みづくりが求められています。

※1　欧州のバイオマス利用が盛んな地域では、各世帯に暖房設備を導入するのではなく、地下にパイプを這わせて地域全体に熱を供給する「地域熱供給」という仕組みが普及している。

※2　チップ、ペレットはいずれも木材の端材などをバイオマスの燃料となるよう加工したもの。チップは機械で切り刻んだもので、ペレットは細かく砕き、圧縮して棒状に固めたもの。

原発は自然エネルギーと同じ?

経産省や電力会社の中では、自然エネルギーと原発は、エネルギー自給率と気候変動対策という2点で、同じ扱いをされてきました。どういうことでしょうか?

日本はエネルギーのほとんどを輸入に頼っています。外国にエネルギーを頼りきった状態というのは、エネルギー価格の高騰や資源の奪い合いなどがいつ起きるかわからず、非常に不安定です。自給率を増やすことは、言うまでもなく重要です。自然エネルギーを増やすことは、エネルギー自給率の向上につながります。

原発の燃料であるウランはオーストラリアなどから100%輸入されており、輸入エネルギーのひとつです。しかし、石油や石炭、天然ガスよりもエネルギー密度の高いウラン燃料は、他の化石燃料と比べると投入した燃料に対して多くの発電が見込めることから、国や電力会社では原発を「準国産エネルギー」に指定し、原発による発電もエネルギー自給率に入れていました。

そのため経産省では、「自然エネルギーと原発の両方の割合を高めることが、エネルギー自給率を高めることにつながる」という論理でエネルギー政策を進めてきました。福島第一原発事故前のような、原発政策一色という姿勢は難しくはなりましたが、経産省は、2016年現在も「自然エネルギーを最大限増やすが、原発も最大限維持する」という方針をとっています。

また、経産省や電力会社は原発を「発電時に二酸化炭素を出さないクリーンなエネルギー」として扱い、気候変動対策の切り札としてきました。福島第一原発事故の後はさすがに「クリーンエネルギー」とは言えなくなりましたが、いまだに気候変動の話が出ると、「原発は二酸化炭素を出さない」ということが繰り返されています。

このように、国や電力会社の解釈によれば、エネルギー自給率と気候変動対策の2点で、原発は自然エネルギーと同じ扱いをされているのです。しかしその扱いには疑問を感じざるをえません。国のエネルギー政策には、根本的な転換が求められています。

電力自由化で原発はどうなる？

電力自由化は、原発の動向にも影響を与えています。大手電力会社の中で、発電電力量に占める原発比率が全国で最も高かった関西電力は、福島第一原発の事故後に自社の原発を停止、その影響で２度の電気料金値上げを行いました。そのため高圧分野では関西電力から新電力会社に乗り換える企業が相次ぎました。小売の全面自由化を前にした２０１６年２月、新しい規制基準の元で高浜原発３号機が再稼動すると、関西電力は５月から電気料金を引き下げると発表します。ところが３月に滋賀県大津地裁で運転差し止めの仮処分決定が出ると、一転して料金引き下げを撤回しました。

また、福島第一原発事故を受けて作られた原子力規制委員会の新しい規制基準では、重大事故が起きた際の拠点となる「免震重要棟」が必須の設備となっていました。しかし九州電力は、鹿児島県の川内原発を再稼動させるため、申請の際には「免震重要棟」を作るとしておきながら、再稼動後の２０１５年12月に方針を変えて、工費を削るために作らないことにしました。

安全性よりもコストカットが最優先される大手電力会社の体質は、事故があっても改善されることはないようです。

このように全面自由化後の顧客離れを防ぐために、大手電力会社は稼動すれば安い電力が手に

図24　日本の原発は2049年にはゼロになる？

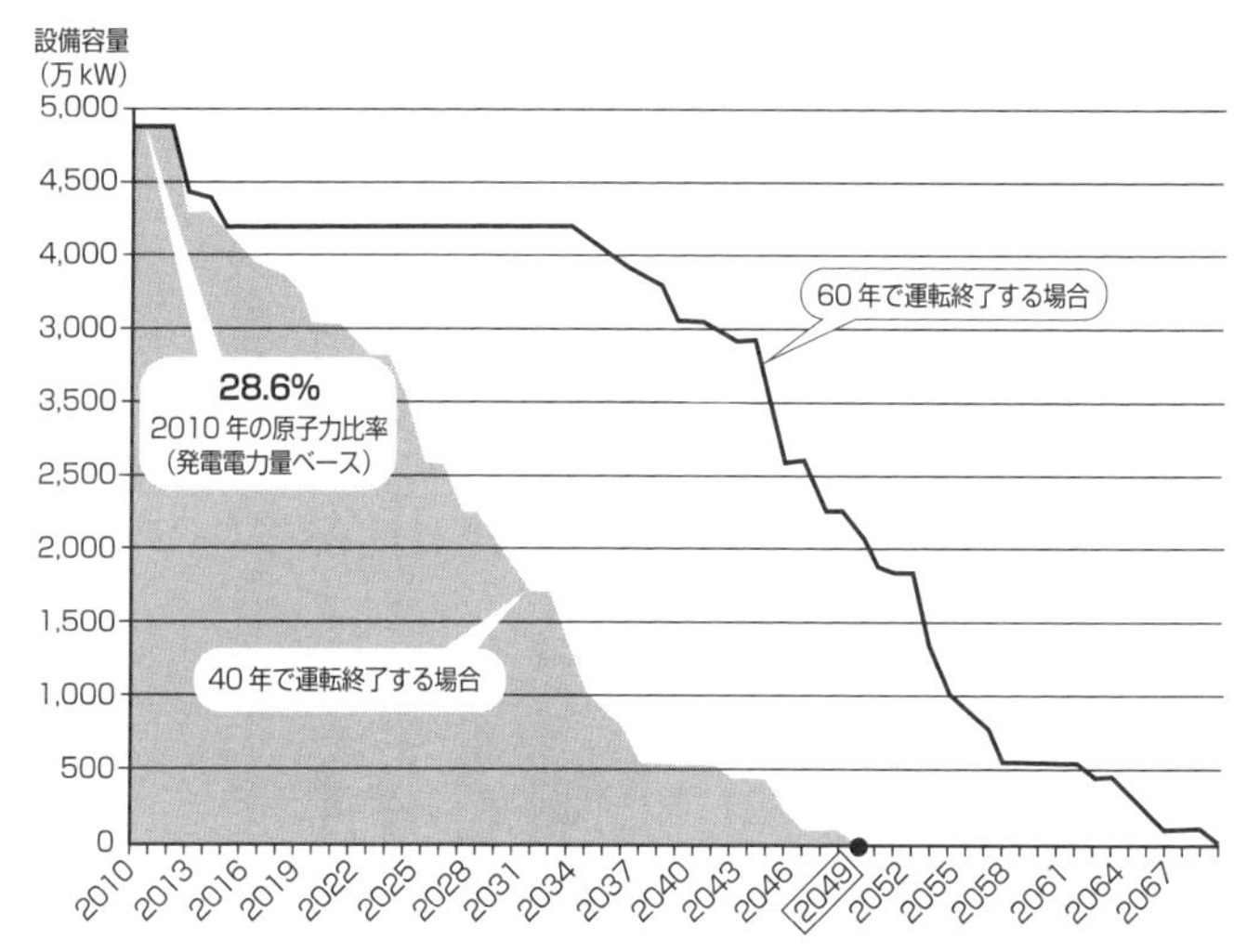

現存するすべての原発が40年で運転終了するとすれば、2049年にはゼロになるが、60年廃炉案もすでに検討されている。

（2015年経済産業省「長期エネルギー需給見通し」より作図）

入る原発の再稼動を、なんとしても進めようとしています。

しかし長期的に見た場合はどうでしょうか？　新しい規制基準に適合するための安全対策や、事故に備えた損害賠償の費用などを考慮すると、コストと時間がかかりリスクの高い新規の原発建設は、簡単ではありません。北欧のスウェーデンでは、原発事故が起きても政府が一切補償しないという法律が決まってからは、新規の原発建設申請はゼロになりました。「原発は安い」という神話が作られる裏には、政府の全面的バックアップが前提であることがわかる事例です。

なお、新規制基準では、原発の運転期間を原則40年とするルールが作られました。しかし今ある原発を40年で廃炉にし

2015年8月に再稼働した九州電力の川内原発（鹿児島県）。

て、新規建設が難しいとなると、政府が掲げた2030年の電源構成の目標値である「原発比率20％以上」の達成が難しくなります。そうなった場合に懸念されるのが、既存の原発の廃炉を延長できる特別ルールの適用です。

電力会社側にとって、すでに減価償却が終わっている原発は動かせば動かすほど利益が出る設備です。しかし、廃炉となれば資産価値がなくなり、逆に廃炉費用を捻出しなければなりません。そのため、できるだけ長く動かそうと考えています。そこで注目されているのが、原子力規制員会が認可すれば、最大20年間延長して60年まで動かすことができるという例外規定です。

すでに関西電力は、運転開始から40年がたった高浜原発の1・2号機、さらに40年を迎える3号機について、2016年12月に40年を迎える3号機について、例外規定の申請を行っています。旧式の老朽化した原発を運転し続ければ、事故やトラブルのリスクが高まります。大事故を起こした福島第一原発の各機も、1970年代に稼働した老朽原発でした。大手電力会社の利益のために、安全がないがしろにされるようなことが続いてよいはずはありません。

6章　自然エネルギーは地域活性化の切り札

地域ベースの新電力会社が登場

自然エネルギーを増やすためには、「地域」という視点が欠かせません。そして電力自由化をきっかけに、地域をベースにした新電力会社が次々と誕生しています。

自治体が一部出資する事業としては、福岡県みやま市（みやまスマートエネルギー）、群馬県中之条町（中之条電力）、静岡県浜松市（浜松新電力）、大阪府泉佐野市（泉佐野電力）、鳥取県鳥取市（とっとり市民電力）、県として新電力会社を立ち上げた山形県（やまがた新電力）などがあります。取り組み内容や自治体のかかわり方は、それぞれの新電力会社によってちがっています。

都道府県として初の新電力会社となった「やまがた新電力」は、原発依存度を下げる「卒原発」を掲げた吉村美栄子山形県知事が自然エネルギーを推進する方針を掲げ、その影響を受けて設立されました。出資金のうち県が三分の一以上、残りを県内の複数の民間企業が出しています。現

山形県の吉村美栄子知事（右）と、やまがた新電力の社長に就任した清野伸昭氏。清野氏は地元企業、やまがたパナソニックの会長。
（2015年9月　やまがた新電力設立総会にて、提供：やまがた新電力）

在は高圧供給のみで、自然エネルギー（ＦＩＴ）の割合が70％程度の電力を、県の施設68カ所に供給しています。現在の窓口は「山形パナソニック」という企業が務めていますが、立ち上げからこれまでは県が主導権を握ってきた形になっています。なお電力の需給調整はＮＴＴファシリティーズという会社が担当しています。

「とっとり市民電力」は逆に、民間企業が主体になっています。鳥取市の出資は10％のみで、残り90％を鳥取ガスというガス会社が出資しています。この会社の需給調整は伊藤忠エネクスという新電力会社が担当しています。

自治体が出資しているわけではありませんが、ユニークなところでは、サッカーＪリーグのチームが出資した「湘南電力（湘南ベルマーレが一部出資）」や「水戸電力（水戸ホーリーホックが一部出資）」といった新電力会社もあります。サッカーチームが電力会社？　と不思議に思われるかもしれませんが、どちらもJリーグチームの出資は1％で、エネルギー供給は実績のある新電力会社が担っています。Jリーグが地域密着で運営されてきたことやチームのサポーターが主に地元に住んでいることなどから、地域で認知度を上げる効果がありそうです。

この中で2016年5月現在、すでに一般家庭向けの電力供給を始めていたり、めどが立っている事業者は、みやまスマートエネルギー（2016年4月～／みやま市を中心に九州電力管内）、中之条電力（2016年7月から受付開始／中之条町内を中心）、湘南電力（2016年10月を予定／神奈川県内）、水戸電力（2016年4月～／茨城県内を中心に東京電力管内）になります。

自治体の出資する新電力会社はいずれもできたばかりの会社なので、今後その地域でどれほどの影響力を発揮するかは未知数です。しかし、他の会社とは明らかなちがいがあるので、地域貢献につながっていくのかという点に注目したいところです。今後は、こうした自治体が出資する新電力会社が他の地域にも誕生する可能性があります。これを機に自分の住んでいる自治体は電気についてどう考えているか、ということを調べてみるのもいいかもしれません。

地域でエネルギーに取り組む意味とは？

地域がなぜ電力事業を行うのでしょうか？　その意義は、電力事業の歴史が教えてくれていま

神奈川県小田原市の山林で１００年ほど前に使われていた小水力発電の跡地を掘り起こす人々。地域の遺構として見直す動きが起きている。

（提供：ほうとくエネルギー）

す。2章では、日本に電力が広まり始めた頃に取り残された農山村で、地域住民が出資して電力会社を設立したという話を紹介しました。そこで何が起きていたかについて、農山村の電力史を調査、研究している高崎経済大学の西野寿章教授からの情報を元に説明します。

1900年前後から1930年代頃まで、電力会社は人口の多い都市部のみでの電力販売を競っていました。電気を平等に利用するためのルールが定まっていなかったこともあって、もうけが出ない農山村にはつなぎたがらなかったのです。

しかし農山村にも電力が必要です。戦前の多くの農家は、カイコから絹糸をつむぐ養蚕を営んでいました。収入は生産量と直結するため、より多くのマユを生産するには、長い時間、カイコの世話をする必要がありました。電灯が入る前は光源に石油ランプを使っていましたが、たびたび火災が発生し、安全な電気が求められていました。

電気を手に入れるために農山村が行った対応としては、大きく分けて2通りありました。ひとつは、町や村など自治体が公営電気を設立したケースです。現在の自治体新電力会社がそれに近い存在になります。町村営の電気事業は、主に山村地域に120余りが設立されました。

そしてもうひとつは、住民が自ら出資して、集落で電気利用組合を設立したケースです。電気利用組合というのは、電気事業を営むための協同組合です。ソーラーパネルも風車もなかった時代、山間部で可能な発電といえば、川や農業用水路を活かした小水力発電[※1]でした。非常にお金のかかる事業でしたが、地域によっては村の共有林を売り払うなどの苦労をしながらなんとかお金を工面し、高価な発電機を購入しました。

電気利用組合の数は、1922年には8組合でしたが、最盛期の1937年には244組合に増えていきます[※2]。その後、国が戦争に向かう中で電力の国家管理が進み、電気利用組合は吸収されていくのですが、一部は戦後もしばらく残っていました。たとえば愛知県や北海道などには、1968年まで電気利用組合が残っていたという記録があります。電気利用組合は1府37県にも及び、全国的に広がっていました。そのように電力の歴史をたどると、日本の隅々まで電気を行き渡らせた主体は、電力会社ではなく地域の住民だったという面があるのです。

比較的豊富に資料が残っているのは、1933年に設立された長野県上郷村の「上郷村営電気」

です。上郷村は、住宅密集地と住宅の少ない農村部とに分かれていました。当初、電力会社は山間部を切り離して、住宅密集地だけなら送電線を引いても良いという話を持ちかけました。ところが、住宅密集地の住民が、「村全体でなければ受け入れられない」と拒否し、村有林の生み出す利益や村民による出資によって電力会社の供給権を買収し、村全体にとどける配電線を整備しました。

住宅密集地の住民にとっては、自らがお金を出して発電機を購入し、送電線を引くよりも、既存の電力会社から電気を購入したほうが金銭的には安上がりでした。それでも申し出を断った背景には、地域コミュニティの強い結びつきがありました。上郷村営電気では、電灯料金の値下げを行いました。また、軍隊に招集された人のいた世帯は電気料金を無料にするという措置もとられました。上郷村の近くにある旧竜丘村は、日本で最初に電気利用組合を設立した村です。住民が出資して設立された竜丘電気利用組合では、電灯料金は周辺の電灯会社より1割ほど安く、電動機を動かす電力料金は半分以下の安さで供給されました。まさに地域資源を地域のために利用し、その利益を地域のみんなのものとして還元していたのです。

上郷村と竜丘村は、現在では自然エネルギーに力を入れている町として有名になった長野県飯田市の一部に位置しています。飯田市は、行政や「おひさま進歩エネルギー」という事業者が中心となって、10年以上にわたって太陽光発電を地域に広める取り組みを進めてきました。１００年前からコミュニティで熱心にエネルギー自給に取り組んでいた地域が、形はちがうものの現在

おひさま進歩エネルギー（長野県飯田市）がソーラーパネルを設置した、鼎みつば保育園。

も自然エネルギーのパイオニアとして活躍しているという話は、時代を越えて地域コミュニティが強いことを感じるエピソードになっています。

最近はまちづくりと称して、一過性のイベントや「ゆるキャラ」、「B級グルメ」などがもてはやされています。しかしそのようなものはすぐに飽きられてしまい、本当の地域活性化には結びつきません。地域に住む人自身が、地域で使う自分たちのエネルギーをどうするか考え、行動する。これこそ地域の自立であり、まちづくりそのものではないでしょうか？

※1　小水力発電とは、川や農業用水などの水の流れを利用して発電する小規模な設備。一般的には出力1万キロワット以下のものとされている。完全に川の流れをせき止める、ダム式の水力発電とは異なる。

※2　組合の数は西野寿章教授の調査により2015年3月現在に把握されているもの。

「ご当地エネルギー」が立ち上がった

すでに紹介したように、1930年代後半から電力は国家管理が始まり、戦後は九電力会社による独占体制が続きました。そのため、一般の人にとって、「電力は自分たちがかかわるものではない」という認識が広まっていました。しかし福島第一原発事故と計画停電を経て、それを見直すべきだと考えた人が増えました。また原発事故以前にも、地域で地道にエネルギーに取り組んできた人たちはいましたが、その動きが注目されるきっかけにもなりました。

筆者は、そのような「ご当地電力」とか「ご当地エネルギー」と呼ばれる取り組みを、全国をめぐって取材してきました。小売りを担う新電力会社ではありませんが、「地域とエネルギー」について考える上で非常に重要な取り組みを2つほど紹介します。

原発事故をきっかけに誕生したご当地エネルギーの代表格が、福島県会津地方で設立された「会津電力」です。社長は、江戸時代から続く酒蔵の経営者である佐藤彌右衛門（やうえもん）さんです。佐藤さんは、会津の名水と自ら育てた米にこだわって作った日本酒に誇りをもっていました。しかし原発事故によって福島の自然が汚染される事態となり、これまで関心がなかったエネルギー問題に取り組む必要性を感じます。そして、地域の仲間たちに呼びかけて会津の未来をどうしていくかと議論を重ね、2013年に発電事業をすすめる会津電力株式会社を設立しました。

会津電力の佐藤彌右衛門社長と雄国発電所。パネルの傾斜を急にしているので雪の影響を受けにくい。

原発事故が起きるまで、福島の10基あった原発でつくった電気は、すべて東京で使われていました。しかし事故の被害はいまだに福島の人々が引き受けています。会津電力は、自らエネルギーにかかわり、福島の自然エネルギーによる自立をめざすことで、この歪んだ差別的な構造を変えようと考えました。会津電力はグループ全体で、地域の48カ所に総出力3880キロワット（一般家庭約1100世帯分の電力）の太陽光発電所を建設しました（2016年5月現在）。今後もバイオマス利用や小水力発電などの取り組みを広げていこうと計画中です。

また2014年には、会津電力がバックアップして、全村避難が続く飯舘村で飯舘電力が設立されました。人が住むことのできなくなってしまった土地でも電気は作れます。飯舘村の村民が出資した太陽光発電設備などを設置して、村の自立と

西粟倉村の温泉施設「黄金泉」の薪ボイラーに、燃料を供給する村楽エナジーのスタッフ、ダニエル・ブレイズさん。（© 水本俊也）

再生を促すのが目的です。

　電気だけではありません。日本ではあまり注目されていない暖房や給湯などの熱エネルギーを、地域資源に切り替えようという取り組みもあります。岡山県の西粟倉村は、人口1500人あまりの小さな農山村です。この村では現在、薪を燃料とする薪ボイラーを温泉施設などに導入して、地域の木材で地域のエネルギーをまかなおうというプロジェクトが進んでいます。面積の95%を森林が占める西粟倉村では、行政が地域の自立のために「百年の森林構想」を宣言して、積極的に森林を利用してまちづくりを行う方針を掲げています。

　行政は、森林組合が森から伐採した木材を使って商品として販売、それに使えない端材を燃料として使用する流れを作りました。商品を作る工場（森の学校）や薪ボイラーの運営（村楽エナジー）は、若い移住者が社長を務めるベンチャー企業が担っています。小さいながらも、行政と民間がうまく連携して地域を盛り上げる取り組みになりつつあります。

薪ボイラーの利用は欧州では広がっていましたが、これまで日本ではあまりみられませんでした。しかし外から灯油を買い続けるのではなく、地域内でエネルギーを循環させて、雇用も増やす、意義のある取り組みになっています。安定した燃料供給ができれば、灯油の値段が上がっても影響を受けることはありません。現在、村で導入されているボイラーは2カ所。2016年中に1カ所が追加され、2017年からは、村の高齢者施設や子育て施設などにも地域熱供給システムとして導入される予定になっています。

外のお金より地元の資源を活かす

「持続可能性」をテーマに研究している千葉大学の倉阪秀史教授は、地域の自然エネルギーを活用することが「地方創生の切り札」と位置づけています。いま、高齢化や人口減少で疲弊した地域社会を立て直すために、「地方創生」の名の下でいろいろな取り組みが行われています。そして担当部署の総務省は、地方自治体に対して、地域外の人を顧客として稼ぐ産業を増やすように呼びかけています。ただ、外の人を対象にした特産品開発や観光業への投資は、すべての地域でうまくいくわけではありません。設備投資など、失敗するリスクもあります。

山梨県都留市の小水力発電所「元気くん１号」。生み出された電力は、市役所の電力の一部をまかっている。

では自然エネルギーはどうでしょうか？　太陽光発電は、誰が設置しても太陽光さえとどけば発電するので計算がしやすい事業です。そして、大企業を誘致してこなくても、自治体や地域が主体となって進めることができます。倉阪教授は、その「誰でもどこでもできる」という自然エネルギーの可能性にもっと注目したほうがいいと語ります。

「実は人口が少なく、自然が豊かな地域ほど自然エネルギーのポテンシャルは高いのです。そこに気づいている人は少ないのですが、自治体は外の地域のお金を稼ぐことよりも、まずは地域の足元にあるエネルギーを活用することに目を向け、知恵とお金をそこに投入した方がいいと思います。自然エネルギーは大もうけできる産業ではありませんが、確実に安定した収入を得ることができるのです」。

先にあげた岡山県西粟倉村でも、古くなった小水力発電所を2014年に改修したことで、安定した収入を得られるようになりました。そしてその収益を、災害時に役に立つ非常用電源や、新たな太陽光発電の設置費用などに充てています。

設備を設置する際には、まとまった資金が必要です。通常なら銀行など金融機関からお金を借りることになりますが、実績がない組織や事業の場合は簡単ではありません。しかしお金についても、自治体や地域が主体になることで「地元のためにお金を出す」という人はいます。

たとえば2005年に、山梨県都留市が小水力発電「元気くん」を設置する際に、「つるの恩返し債」という公募債を市民から募りました。そのときは予定していた枠組みの4倍もの応募が殺到して、抽選になりました。

地域の将来のためになるものなら応援したいと思う人々はたくさんいます。このような仕組みをうまくつくることができれば、エネルギーを活用して多くの住民が関心をもてるまちづくりを広げることができるはずです。

地域再生のモデルに――みやまスマートエネルギー

自治体が設立に参加した新電力会社について見ていきましょう。全国の自治体新電力会社の中で、最も早く家庭向けの小売事業を始めたのが福岡県みやま市の「みやまスマートエネルギー」

です。みやま市は、2007年に3つの町が合併してできた人口4万人ほどの自治体です。市内の土地はほとんどが平地で日照時間も長く、太陽光発電に適しています。

みやま市では、2013年に市と市内の企業が出資して出力5メガワットの太陽光発電設備を設置しました。また経産省が補助を募集した家庭向けエネルギー管理システム(HEMS)※の実証事業を2014年から実施しました。HEMSとは、端末を通じて自分がどれくらい電力を使っているか細かく確認できるシステムです。みやま市がHEMS事業を実施した背景には、急激に進む高齢化など、増加する地域の課題に対して予算や人員が追いつかないという実情がありました。みやま市は、HEMSの情報を利用して、一人暮らしの高齢者の見守りや健康管理などを行う新しいサービスを実施しました。

発電事業やHEMSの実績を踏まえて、みやま市は55%を出資して、みやまスマートエネルギーを設立しました。将来的には、ドイツのシュタットベルケのような総合エネルギー事業を担える存在にしたいというビジョンをかかげています。

みやまスマートエネルギーは、主に市内の太陽光発電設備から電力を購入し、2015年末から市の公共施設や病院、JAなどに高圧の電力を供給しています。補助事業が終了したHEMS事業も、みやま市から引き継いで実施しています。そして2016年4月からは、九州電力管内の一般家庭向けの電力販売も始め、2016年5月現在では約300世帯の申し込みを受けつけています。対象地域は当初はみやま市に限定しようという案もありましたが、みやまにゆかりの

HEMSの端末を説明する、みやまスマートエネルギーの経営企画部長、白岩紀人さん。

ある人が他の地域で電気を買いたいとなったときに供給できればという考えから、九州全域で購入できるようにしています。

価格は九州電力より平均で2％ほど値引きしていて、水道料金とセットにすれば手続きが簡素化され、さらに割安になります。自然エネルギーの割合（FIT）は、年平均でおよそ40％程度です（2016年5月現在）。

みやまスマートエネルギーが電力小売をてがけた理由は、みやま市がHEMS事業を行ったのと同様、エネルギーサービスを地域振興の一環にしていきたいと考えているからです。みやまスマートエネルギーと電力契約をした世帯にはHEMSの機器が斡旋され、画面から地域の商店街の商品を注文、宅配サービスを受けることができます。同じようなものを買うのなら、アマゾンや楽天ではなく、地域の商店街を利用してもらおうという狙いから実現しました。ＨＥＭＳを通じて、災害情報の提供や日常の御用聞きサービスも行っています。こうしたサービスは、みやま市内に住む人だけが対象となります。

このように、みやまスマートエネルギーは、単に電気を販売するだけでなく、地域振興や高齢者対応、雇用創出、そして子育て世帯の定着率を高めるといった地域のニーズに対応できる仕組みにつなげようとしています。

同様の課題を抱える地域は全国的に広がっています。そのため、率先して新しい取り組みを始めたみやま市には、全国から多くの視察が相次いでいます。中には、みやまスマートエネルギーのような新電力会社の設立を検討する自治体も出てきました。みやまスマートエネルギーとしては、そうした自治体にノウハウを提供できるモデルになりたい、というビジョンももっています。

※　ＨＥＭＳ(ヘムス)は、ホームエネルギーマネジメントシステムの略。家庭でエネルギーを効率的に使うための管理システム。端末のモニター画面から家庭の電化製品の使用状況などが把握できる。みやま市では、サポートセンターに情報を転送することにより高齢者の健康状態などを把握、必要があれば家族に連絡をするなどしてきた。

エネルギー自立で災害対策も――中之条電力

全国で初めてできた自治体の新電力会社は、２０１３年に誕生した群馬県中之条町の「一般財団法人中之条電力」です。現在、小売事業については２０１５年末に設立したグループ企業の「株

中之条電力が電気を供給する公共施設の一つ、ふるさと交流センター「つむじ」。

式会社中之条パワー」が担当しています。

　中之条電力は、中之条町が「電力の地産地消を通じて地域活性化に寄与すること」を目的として、新電力会社のV-POWERと共同出資で設立されました。

　中之条町は、周囲に豊富な温泉のある「花と湯の町」として知られるのどかな地域です。町が電力事業を始めるきっかけとなったのは、東日本大震災でした。原発事故後の計画停電に見舞われたことに加え、前町長が東北の被災地を視察。原発のような危険な電源に依存するのではなく、自分たちでコントロールできるエネルギーを手に入れる必要性を感じたといいます。

　翌2012年には町内3カ所にメガソーラー（大規模太陽光発電所）を設置。うち2カ所は町が発電事業を行い、同年に始まったFIT制度を通じて売電を始めました。町営のメガソーラーは合わせて約4

000キロワットの出力があります。その後、町が作った電気を小売するために中之条電力が設立され、太陽光の電気を町の公共施設に供給し始めました。

現在、中之条電力は30カ所の公共施設に電力を供給しています。これにより、町として年間1000万円ほどの予算が削減されました。家庭向けの小売りについては2016年7月から受付開始の予定で、まずは中之条町内の家庭約1000世帯を対象に供給を始めていきます。

低圧電力の小売りについては課題もあります。現在、中之条町が所有している自然エネルギーは太陽光発電が中心なので、昼間使用することの多い公共施設に供給するのは問題ありませんが、夜の使用量が多い一般家庭へ供給するとなると、他から割高な電気を調達してこなければなりません。その対策として、時間に関係なく発電できる小水力発電の建設を行うなど、太陽光以外の電源の開発を進めているところです。

中之条町が電力供給を行う背景には、災害対策の意味合いがあります。3・11のようなことが起きても、地域で発電所を持ち、エネルギーが自立していれば、大きな安心につながるというわけです。現在は、制度的に送配電網の運用を自治体が担うことができないため、すぐに実現できるわけではありません。それでも自治体が「電力というインフラ」にかかわる意義は、そのような面にもあるのです。

なお現在の中之条町には自然エネルギー設備が増え、町の所有ではない町内の自然エネルギー設備の発電量も合わせると、町の消費電力量を上回り、数字上ではエネルギー自給率が152%

になるというデータがでています※。

※　町内にある小水力発電で135%、太陽光発電は17%、合計152%（2014年度のエネルギー永続地帯の推計値）。小水力発電は群馬県などが所有している。

収益で地域貢献を――湘南電力

自治体が関わる取り組みとは別ですが、地域をベースにしたユニークな取り組みとして、民間企業とサッカーチームよる新電力会社があります。エネルギー事業を手掛けるエナリスが、Jリーグの湘南ベルマーレと一緒に設立したのが「湘南電力」です。湘南電力は、神奈川県内で、電力の地産地消と地域貢献をめざして活動しています。

湘南電力が契約している発電所の多くは、神奈川県内の太陽光発電所で、自然エネルギー（FIT）の割合は2016年度には、50%程度まで高める計画となっています。その他の電力は電力取引所などから調達しています。親会社のエナリスが電力の需給調整を行っています。

地域貢献としては、小売事業で得た収益の一部を地域に還元しています。2015年は、湘南ベルマーレが設立したNPO法人が主宰する中高年向けの健康教室に100万円ほど寄付しました。今後はスポーツに限らず地域貢献の場を広げていきたいとしています。どこで買っても同じと思われがちな電気を、こうして地域貢献につなげることで、新たな価値が生まれています。

湘南電力が収益の一部を寄付した湘南ベルマーレ主催の健康教室。
（提供：湘南電力）

湘南電力が供給している電力は2016年5月現在は高圧のみで、湘南ベルマーレのサポーター企業など、神奈川県内の30ほどの企業と契約しています。低圧の供給については、2016年10月から実施する予定になっています。地域の家庭レベルとつながって何ができるかといった部分はこれからですが、ベルマーレのサポーターには認知度が高まっているだけに、小さい地域だからこそできるユニークなサービスを期待したいところです。

日本版シュタットベルケになれるか

自治体が出資した新電力会社を中心に、地域にベースを置いた取り組みを紹介しました。発電から小売まで、地域で作ったエネルギーを地域の人たちに供給するというビジョンははっきりしています。

民間企業単独で行う事業よりも有利な点として、それぞれの自治体が多くの公共施設を所有していることがあげられます。まずそこに供給することで、ビジネスとして安定した収入があるという面があります。さらに中之条町のように、電気の供給を受ける施設の電力料金が下がれば、自治体の予算を削減できる効果も出てきます。

また、ただ電力を扱うということではなく、みやまスマートエネルギーのように、地域社会の課題解決につなげようと取り組む事業者も出てきました。地域と結びつくことで、電力事業というものの可能性が広がるのではないでしょうか。

とはいえ、心配な面もあります。電力小売事業は厳しいビジネスの世界です。自治体が出資していても、生き残れるとは限りません。行政の仕事の延長のような感覚でのんびりやっていると、将来的には厳しくなってくるかもしれません。職務はビジネスの経験やセンスをもっている人が担うべきでしょう。

また自治体の参加は形だけで、実際には地域外の民間企業に実務を丸投げしているような事業もあります。自治体には電力供給を行うノウハウや経験がないので、仕方ない面もあるのですが、その事業が本当に地域のために活かされるのかという視点で見ていったほうがよいでしょう。

これまで紹介したように、ドイツの都市部では伝統的に自治体が出資をして、上水道とエネルギー（電気や熱）を扱う会社を運営してきました。「シュタットベルケ」と呼ばれるそれらの会社は現在、およそ900社も存在しています。農村部にはシュタットベルケがありませんが、市よりも大きな行政単位である州が出資して、エネルギー企業を運営しています。

ドイツでは電力自由化が始まっても、もともと契約していた自分の地域のシュタットベルケに愛着があるから契約を変えないという人がかなりの数に上ります。たとえばミュンヘン市では、8割の住民が地元のシュタットベルケと契約しています。

日本でも遅まきながら地域で新電力会社が立ち上がりました。それがシュタットベルケのように地域の人々から信頼される存在になっていくのか、そこに住む人々がどんな選択をするのか、注目してもらいたいと思います。

7章　自然エネルギーを広げる新電力会社

自然エネルギーを供給する新電力会社

地域ベースではありませんが、自然エネルギーを積極的に供給していこうとする新電力会社も名乗りを上げました。家庭向けの電力販売を始めていたり、近いうちに始める予定のある小売会社はまだ少数ですが、関東や関西の人口集中地域では複数登場しています。

まずは比較的大きな会社を3社紹介します。ひとつめはソフトバンクグループの「FITでんきプラン」です。小売会社としては、子会社のSBパワーが事業を行っています。ソフトバンクは1章で紹介したように、自らは小売事業者に登録せず東京電力の電気を代理店販売しているのですが、「FITでんきプラン」はそれとは別に、オリジナルの電力を東京電力エリアと北海道電力エリアで販売しています。

子会社のSBエナジー（発電会社）が全国に設置した太陽光発電所の電気を、SBパワー（小売会社）が供給するというスタイルで、ＦＩＴによる自然エネルギーの割合は56％としています。

これまで秋田県などに風車を建設してきた外食産業大手のワタミは、宅食サービスを行う「ワタミの宅食」と共同で、全国で電力販売をはじめました（２０１６年5月から）。対象者は、宅食サービスを利用している高齢者のいる世帯に限られ、見守りサービスなどとセットで電気を販売していく方針です。２０１６年9月には電源の３割を自然エネルギー（ＦＩＴ）にすることをめざしています。

石油、ガスなどのエネルギー事業をてがけるミツウロコの子会社「ミツウロコグリーンエネルギー」は、自社の太陽光、風力、バイオマスの発電所などの電気を中心に電力供給を行っています。２０１４年度の実績では自然エネルギー（ＦＩＴ）の割合は20％程度で、その他は天然ガス（44％）や石炭（15％）、石油（８％）などになります。

各社とも割合はちがいますが、将来的に自然エネルギーの割合を増やしていくというビジョンは共通しています。大手企業が自然エネルギーに取り組むことは、日本全体に自然エネルギーの電気を増やしていくという意味で大切なことです。

ただ、懸念される点もあります。大手が取り組む自然エネルギープロジェクトでは、電源開発をふくめてどうしても大規模になりがちです。また地域主体ではなく収益だけを大手がもっていく事業になる傾向があります。それは大手だけではなく、中小の事業者が関わる事業でも同様のリスクはあるのですが、地域とかかわる際には、ていねいな仕組みづくりが求められます。

小売会社を選択する一般の消費者が、そこを見極めるのは難しいことです。しかし単に「自然エネルギーを売っているから」といって飛びつくのではなく、それぞれの会社がどんな開発をしているのか、地域とどのように関わっているのかについての情報も気にかけてみましょう。

「顔の見える発電所」でつながる――みんな電力

規模は小さいものの、地域との関係や自然エネルギーの普及という点で注目すべき会社があります。ここでは、3・11の震災を機に設立された「みんな電力」と「Looop」という2つのベンチャー企業を取りあげます。

2016年4月から東京電力エリアを対象に家庭向けの小売を始めているのが、東京都世田谷区に拠点を置く「みんな電力株式会社」です。この会社は、電力小売事業だけでなく、一般の人向けのエネルギーイベントの開催や、小さな太陽光発電を使ったユニークな商品開発なども手がけてきました。2011年にみんな電力を設立した社長の大石英司さんは、「私たちの暮らしと遠い存在になっていた電力を、もっと一人ひとりの身近な存在にしていきたい」という思いをもっています。

みんな電力の電気代は、2016年5月の現段階では、基本的には東京電力の従来の電気代

みんな電力が電気を購入している発電所の一つ、千葉県袖ヶ浦市の「エコロジア第一太陽光発電所（愛称：あいがも発電所）」。非常時には付近の公民館に電力が供給されることになっている。（提供：みんな電力）

と同程度になっています。電力小売事業では、事業所向けの高圧供給なら利益は出ますが、家庭向けの低圧供給ではあまり利益が出ません。それでも大石さんは、「家庭が変わらないとエネルギーを身近なものに感じる人が増えない」という信念から、何としても低圧小売を実現したかったと言います。

なお、現在みんな電力が供給している高圧電力の契約先は、みんな電力のオフィスも入っている「世田谷ものづくり学校」です。廃校を再生して、デザイナーやクリエイターが活躍できる場所として運営されているこの学校には、およそ40ほどのテナントが入っています。東京電力からみんな電力に供給元を切り替えたことで、電気代は少し下がりました。

みんな電力の電源構成は、２０１６年度の計画では、自然エネルギー（ＦＩＴ）が70％で、その他が30％を見込んでいます。現在は太陽光発電が中心ですが、今後はバイオマス発電所を開発するなど、時間帯にかかわらず需要の変化に対応できる仕組みを模索しています。

みんな電力の最大の特徴は、誰が発電しているかがわかる「顔の見える発電所」です。現在、地域の市民が運営しているような小規模な太陽光発電所をふくめて33カ所の市民発電所と契約済みで、さらに１００カ所まで増やそうとしています。その地域の発電所の情報はホームページを通じてアップデートされていきます。

みんな電力と契約した家庭が、そのような情報一覧を見て応援したい発電所を選ぶと、基本料金の一部がその発電所に還元される仕組みになっています。応援のお礼としては、たとえば乳製品を作っている発電所のオーナーからヨーグルトが送られてくるといった仕組みも計画しています。電気そのものは同じでも、発電する人や地域とのつながりができることによって、新しい価値を生もうとしています。

自然エネルギーの発電所と電気の消費者が直接つながる、というのは新しい試みです。これをきっかけに発電所の見学に訪れたり、

「世田谷ものづくり学校」の電気を供給しているみんな電力の社長、大石英司さん。

一緒に農作業をしたり、といった新しい展開が生まれてくるかもしれません。

インターネットを通じて、不特定多数の人から寄付をつのる「クラウドファンディング」という仕組みがあります。そこにお金を出す人は、漠然と寄付をしたいわけではなく、顔の見えるプロジェクトだからこそ「この人がやっているから応援したい」と思うわけです。このみんな電力の「顔の見える発電所」も、まさにそのようなスタイルで、電力を通じて人と人とをつなげる場をつくっています。

大石英司さんは、電力自由化が始まった今の状況をこのように言います。「数年前、私が自然エネルギーを販売したいと言ったとき、周囲の人たちから『値段が安くなるわけではないのに、自然エネルギーを買いたい人なんているわけない』と言われました。でも実際に販売を始めると購入希望者が殺到しました。時代は確実に変わっているという手応えを感じています。もちろん、制度的には不満もあるので、変えてほしいところを言い出したらきりがありません。でも『だからできない』と文句を言うのではなく、まず今のルールで参加して『こうしようよ！』と提案していくことが大切じゃないかと思います。それが積み重なることで大きな変化につながるはずです」。

新しい変化をワクワクしながら話す大石さんは、まさに電力自由化に自らがプレーヤーとなって参加し、時代を切り開いていこうとしています。

震災を機にはじめた「MY発電所キット」——Ｌｏｏｏｐ（ループ）

個人でも太陽光発電所を所有し、作ることができる「ＭＹ発電所キット」を販売して人気となった会社が「株式会社Ｌｏｏｏｐ（ループ）」です。Ｌｏｏｏｐの設立は、３・11の震災が起きたとき、創業者となる中村創一郎さんが、当時つきあいのあった中国企業からソーラーパネルをもらい受けたことがきっかけでした。創業メンバーは、そのパネルを電力供給の止まった宮城県石巻市や気仙沼市にボランティアで設置、自然エネルギーの重要性を感じたことから、２０１１年４月に会社を立ち上げます。設立から５年がたった現在は、１６０人以上の社員を抱えるまでに成長しています。

出力10キロワット以上の産業用の太陽光発電キットを、一般人が手作りすることもできる「ＭＹ発電所キット」は、その斬新さも話題となり、２０１５年度末の時点で１５００件以上のキットを販売するまでになっています。

自社が開発する太陽光発電所としては、14カ所に合計出力10メガワット以上を所有しています。２０１５年末からは企業を対象とした高圧小売事業を開始、およそ１０００件ほどの企業と契約しました。これまでの発電設備は太陽光が中心ですが、風力発電所や地熱発電所の開発も手がけるなど、電源の多様化を進めています。電源構成は、ＦＩＴ電気が20％、ＦＩＴではない水力発

「MY 発電所キット」を設置する Looop の中村創一郎社長。（提供：Looop）

電所との直接契約が6％で、合わせると自然エネルギーの割合は26％（計画値）を越えています（2016年4月現在）。新電力会社の中には電力の需給管理を大手に任せるところも多いのですが、これまでの経験から自社で手がけることができるというのも強みになっています。

そして2016年4月からは、家庭向けをふくめた低圧電力の供給を東京電力、関西電力、中部電力のエリアを対象に始めています。小売事業の特徴としては、基本料金が0円で、電気代は1キロワット時につき26円（関西圏は25円）、商店や事務所では27円（関西圏は26円）と定額であることです。各社が複雑な料金設定や複数のプランを打ち出し、消費者にわかりにくい状況になっている中、非常にシンプルな設定だといえます。契約期間のしばりもありません。基本料金がかからないので、電力使用量の多い家庭だけでなく、省エネした家庭にもメリットがある仕組みです。高圧契約がある程度安定したビジネスになっていることや、宣伝広告費などにコストをほとんどかけていないことから、このような思い切ったプランが打ち出せました。２０１６年の３月11日に受付を開始したところ、予想を越えた反響があり、２カ月弱で１万世帯が申し込んでいます。Ｌｏｏｏｐは今後、10万人をめざして契約者を増やしたいと考えています。

電気の産直をめざす生協系の新電力会社

電力小売事業には、生活協同組合（生協）も参加しています。生活協同組合とは、数ある協同組合の一種で、消費者がお金を出し合って組合員となり、共同で運営している組織のことです。生協は、食品や日常生活用品について、産地と結びついたり、独自開発をして、「生産者の顔の見える商品」を組合員が共同購入するシステムをつくってきました。大量生産、大量消費が主流になる社会でないがしろにされてきた、「安心や安全」といったものを取りもどす動きとして広まっています。

主に食品などを扱ってきた生協が、エネルギーの分野で本格的な事業を始めた背景には、福島第一原発事故がありました。「安心、安全な食」を求めるのと同様に、電気も原発由来のものではなく、自然エネルギーを選択できる社会にしたいという声が高まったからです。もともと食品だけでなく、生活に身近な灯油やプロパンガスなどの販売を手がける生協もあり、電気を販売することにはそれほど違和感がありませんでした。

全国に数ある生協の中でも本格的に自然エネルギー事業に乗り出しているのが、パルシステム（パルシステム電力）と生活クラブ生協（生活クラブエナジー）です。

他にも大阪市の「大阪いずみ市民生活協同組合」は、大和ハウス系の「エネサーブ」から電力の供給を受けて、「コープでんき」を販売しています（２０１６年４月から）。対象エリアは大阪の25の市町村です（２０１６年４月現在）。

灯油やプロパンガスの販売を手がけてきた北海道の「コープさっぽろ」は、グループ企業の「トドック電力」と「エネコープ」を通じて、ＦＩＴ電気60％の電力を北海道エリアに供給しています（２０１６年６月より）。電源はバイオマス、水力、風力などで、料金は北海道電力の従量料金より０・５％～１％程度安くなる予定です。また、積極的に他社と提携してＦＩＴ電気以外のプランも打ち出し、灯油とのセット割引なども手がけています。

事業所などへの高圧電力供給を行っているのは、日本生協連の「株式会社地球クラブ」ですが、こちらはまだ一般家庭への供給は未定となっています（２０１６年４月現在）。

これら生協系の新電力会社が扱う電気を購入できる家庭は、生協法の関係で、組合員に限られます。また、自然エネルギーの電源が限られていることもあって、今のところは希望した組合員全員が契約できるわけではありません。電源と契約先のバランスを見ながら、徐々に増やしていくことになるでしょう。しかし「自然エネルギーの電気を買いたいからその生協の組合員になる」という人も出てきています。これからは、生協の組合員が「電気も生協で買う」というのが当たり前になってくるかもしれません。

欧米では、地域の住民が出資してエネルギー事業を運営する「エネルギー協同組合」が根づいています。日本の場合はもともと食べ物をベースに取り組んできた生協が、エネルギー分野にも広がってきたという形です。この動きは、新しいスタイルで生産者と消費者をつないでいく可能性があります。

目的は地域づくり――パルシステム電力

首都圏を中心に展開するパルシステム連合会は、組合員数が約120万世帯になる、生協でも規模の大きな存在です。パルシステムでは、事業所の屋根に太陽光パネルを設置してきましたが、エネルギー政策をまとめ、本格的な事業として取り組むようになったのは、福島第一原発事故がきっかけでした。小売事業への参加は、そのひとつとして位置付けられています。まずは2013年4月から自社の工場など36カ所の事業所向けに、高圧電力の供給を開始。その実績を元に2016年10月から、まずは東京電力エリアの組合員1000世帯向けの低圧供給を始め、徐々に他のエリアにも広げていく予定にしています。そして2020年までには、採算ラインである5

パルシステム八王子センター太陽光発電所（愛称：ぱる！さんさん発電所２号）。
（提供：パルシステム電力）

万世帯の契約という目標を掲げています。

自然エネルギーの割合は８割程度（ＦＩＴ電源）を予定しています。生協系の小売会社は、電力の需給調整については他の新電力会社にしてもらっていることが多いのですが、パルシステムは今までの実績を活かして自前で調整しています。

パルシステムの特徴は、食の分野で生産者と連携しながら進めてきたのと同じように、エネルギーでも生産者と協力しようという立場に徹していることです。たとえば、自らが発電設備を開発するのではなく、ふだんパルシステムとつきあいのある食の生産者が自分の土地で発電所を作りたいと希望した時に、資金調達やノウハウの支援をしようという立場を取っているのです。

通常であれば、そのような事業に銀行が融資するのは難しいというケースもあるのですが、パルシステムが一緒に参加することで、銀行も融資がしやすくなるといった効果もあります。こういった関わりで開発した自然エネルギーの発電所は、２０１６年４月現在は10カ所で、太陽光とバイオマスの発電所が中心となっています。今後は小水力発電などを生産者とともに増やしていきたいとしています。

パルシステム電力の野津秀男さんは「エネルギーを扱う目的は、地域づくり」と位置づけ、このように語ります。「ただのモノ売りだったら、私たちが電力事業をやる意味がありません。エネルギーによって都市生活者と地方をつなぎ、消費を通して地域を変えていくという方向性は、パルシステムがこれまで長年やってきたことと通じているのです。食についても昔は『無添加』や『有機』という価値が理解されませんでしたが、今では社会に受け入れられるようになってきています。電気についても自然エネルギーを消費者が選ぶことによって、社会を変えるきっかけにすることができると思っています」。

組合員と一緒につくる電力会社──生活クラブエナジー

生活クラブ生協は、全国に約35万世帯の組合員がいる生協です※。その生活クラブ生協が母体となって、２０１４年に「株式会社生活クラブエナジー」という新電力会社が誕生しました。エネルギーについての議論は、生活クラブの中で長い間行われてきました。エネルギーは、食と同様に生きるのに欠かせないものです。食の共同購入と同じように、エネルギーも自分たちで良いものを選び、共同購入できないかと考えたのです。

１９９９年に日本で初めて市民が出資してつくる風車、いわゆる「市民風車」を設置したのは「北海道グリーンファンド」という団体です。そして、「北海道グリーンファンド」は生活クラブ北海道の活動から立ち上がりました。そのような意味では、生活クラブのエネルギーとの関わりは15年以上になります。

現在、生活クラブエナジーの高圧電力は、全国の生活クラブの59カ所の事業所に供給しています。また家庭向けの低圧電力の販売は、２０１６年６月から実験的に供給を始め、段階的に広げられます。供給開始の2カ月前となる２０１６年4月に、首都圏の4つの生協（東京、神奈川、埼玉、千葉）を対象に１５００世帯の枠で募集したところ、すぐに募集枠を越えました。10月には全国の生活クラブを対象に1万３３００世帯まで広げ、３年後には4万世帯との契約をめざしています。

価格は、東京電力の従来のシステムと同程度で、生活クラブを選んでも高くならないようにしています。ただし、オール電化向けのプランはないので、オール電化の家庭が契約すると高くなります。

自然エネルギー（ＦＩＴ）の割合は、地域や申込者数によっても変動するのですが、30％から60％としています。幅が大きい理由として、契約している発電所が限られているので、首都圏だけが対象なら60％程度になるけれど、全国に広げると他から調達しなければ足りなくなるからです。今後は自前の発電所を増やすとともに、事業のコスト面でも黒字化をめざしています。電気の需給調整は、現在は新電力会社のサミットエナジーに委託していますが、近いうちに自前で行いたいとしています。

生活クラブエナジーの社長、半澤彰浩さんは言います。「生活クラブは組合員が主役です。そして電力の小売自由化についても、消費者が当事者になることが重要だと考えています。電力メニューも組合員の声を受けて改善していくつもりです。今までの大手電力会社のように、会社が決めたことを消費者に押しつけるという関係ではなく、組合員と一緒につくっていく電力会社にするつもりです」。

※北海道から兵庫まで、21の都道府県に33の生活クラブ生協があり、それぞれ独立して運営している。

にかほ市の人々とともに創る「夢風（ゆめかぜ）ブランド」

生活クラブの地域と密着した取り組みは、独自の電源開発にも表れています。生活クラブでは、首都圏の4つの生活クラブ生協が共同で出資して、2012年に秋田県にかほ市に「夢風」という名前の風車を建設し、稼働しました。秋田県は、全国でも風車に適した風が吹くことで知られています。首都圏で無理に自然エネルギー発電所を作ろうと思っても、適した場所や環境がないので難しい現実があります。

それよりも人口の多い首都圏でお金を集め、自然エネルギーの適地に設備を作るのが合理的です。しかしそのまま売電収益を独占してしまえば、都市部の事業者が地方の自然エネルギー資源を奪ってしまうような、問題のある開発と変わらなくなってしまいます。

生活クラブのプロジェクトは、そうではありません。にかほ市と連携して、さまざまなプロジェクトを実施しているのです。にかほ市は、他の秋田県の自治体同様、高齢化や人口減少、産業の衰退などで苦しんでいます。生協は食品を仕入れるという形で協力できるのですが、にかほ市の名産品であるイチジクやハタハタなどは、首都圏の消費者が日常的に食べるものではありません。

生活クラブが秋田県にかほ市に設置した風車「夢風」。

そこで、生活クラブの組合員とにかほ市の農家が意見交換をしながら、トマトケチャップの原料となる加工用トマトや、豆腐用の大豆などを栽培するというプロジェクトが立ち上がりました。ケチャップや豆腐なら、毎日でも食べるからです。また、地元の蔵元と作った日本酒「夢風」や、真鱈（まだら）のしょっつるをスープにしたタラーメンなども共同開発しています。今後も、調味料としての「たらしょっつる」や「いちじくコンポート」などのデビューが予定されていま

共同開発した日本酒「夢風」を手にする、生活クラブエナジーの半澤彰宏社長（左）と、秋田県にかほ市の須田正彦副市長。

す。

　こうして、風車建設をきっかけに共同開発された食品は「夢風ブランド」と呼ばれ、首都圏の生活クラブで販売されるようになりました。また、首都圏の組合員がにかほ市を訪れたり、逆ににかほ市の生産者や農家が東京に来たりと、交流の場も増えています。交流費用の多くは、風車の収益でまかなっています。こうした動きをにかほ市の行政を始め、地域の農家、食品の生産者らは歓迎しています。

　にかほ市副市長の須田正彦さんは、このように言います。「特産品の開発や交流会などを通じて、地域コミュニティが活性化しています。風車が立った地域の方々には喜んでいただいているので、市のほうでも全力で応援しようと思っています」。

電気の売り買いだけではなく、エネルギーを通じて地域を活性化させる方法は、このようなスタイルもあるのです。生活クラブの風車「夢風」がにかほ市に建設されてから今年で5年目になります。発電所が設置された地域にとってもメリットになるこの取り組みは、長い時間をかけてしっかりとした信頼関係に育ちつつあります。

新電力会社に切り替える企業も

積極的に自然エネルギー電源に切り替えようとしている企業についても紹介します。そのひとつが、自然派化粧品会社の「ラッシュジャパン」です。ラッシュジャパンの工場は、神奈川県愛川町にあり、そこで使用する電力（契約電力335キロワット）を2016年6月から、湘南電力（6章）に切り替えました。湘南電力は、神奈川県内でエネルギーの地産地消をめざしている会社です。ただし湘南電力がもっている発電設備はまだ少なく、施設の全電力ではなく、契約電力の6割を湘南電力、4割を東京電力からの供給という割合にしています。今後はこの割合を徐々に高めていく予定です。ラッシュとしては、今後も調査を続けて毎年その時点でより良い方法に見直す方針を立てています。

ラッシュは他にも、全国に約130の店舗をもっていますが、その多くは個別に電力契約をしている店舗ではなく、ショッピングモールなどのテナントとして入っているため、現在は切り替

電力自由化についてのイベントでアピールするラッシュジャパンの丸田千果さん。

ラッシュの店舗で行われた電力自由化キャンペーンのポスター。

えることができません。しかし、店舗では電力自由化を機に「化粧品だけでなく電気も原材料に目を向けて選ぼう」というキャンペーンを実施しました。顧客を対象に、店舗のスタッフがチラシを配ったり、ウェブサイトやソーシャルメディアでもこのテーマについて積極的に発信したことで、関心をもってくれる人もいたと言います。

ラッシュは、「企業も社会の一員であり、社会の課題は自分たちの課題でもある」というポリシーを掲げ、社会的なキャンペーンを店舗やオンラインで展開してきました。

キャンペーン担当のスタッフ、丸田千果（まるたちか）さんは言います。「社会的価値に対してラッシュだけが声を上げても社会は変わりません。NGOなど、その課題のプロフェッショナルであるパートナー団体と一緒にキャンペーンをすることで、お客様にも我々と一緒にその課題について考えてもらいたいのです。キャンペーンをすると、『なんでラッシュが電力のキャンペーンをしているの？』と聞かれるのですが、そうした一つひとつの会話から、関心をもっていただけるのかなと思います。電力については私たちもまだ勉強中ですが、消費者が選べるようになったことを考える機会にして、社会に変化をつくっていきたいと思っています」。

電力自由化についてのキャンペーンそのものは期間限定で終了しましたが、ラッシュジャパンとしては、継続的にエネルギー問題に注目していくとしています。

応援してもらうファンをつくる

自然エネルギーの電気を消費者に届けようとする新電力会社にとっては、政府の消極的な姿勢が高いハードルになっています。政策的な課題をあげれば、既に紹介した電源表示や託送料金の問題など山積みです。しかしだからと言って、何もできないわけというわけではありません。こうした小規模な新電力会社がサバイバルしていくためには、応援してくれる熱心なファンを作ることが欠かせません。ドイツで自然エネルギーを供給する小売会社は、扱う電気が持続可能なものであるというアピールに力を入れてきました。

日本でも自然エネルギーが何割という電源構成を積極的にアピールするというだけでなく、その会社を支持してもらえるような、消費者にとってわかりやすい仕組みを作ることで、ファンは増えていく可能性があります。「みやまスマートエネルギー」のような地域貢献のあり方や、「みんな電力」のような自然エネルギーの発電会社とつながる仕組みがその一例です。長い目で見れば、そうした価格や電源構成だけではない価値や信用は、高く評価されてくるのではないでしょうか。

小口の顧客が相手となる低圧供給では、大口が相手の高圧供給とちがい、託送料金の高さもあって、5万人レベルの顧客がいないと単独のビジネスとしては成り立ちにくいとされています。しかし、そのような小売会社を支持してくれるファンが増えいけば、ビジネスとしてもよりよい循環が生まれてくるはずです。

デンキを選べば社会が変わる

ここで紹介した自然エネルギーの供給をめざす新電力会社は、大手電力会社や大企業を母体とする新電力会社に比べて、資本力が不足しています。しかし、そのような新電力会社の応援団もいます。自然エネルギーの普及をめざす60以上の環境NPOや市民団体らがネットワークする「パワーシフト・キャンペーン」では、専用のホームページを設けて、こうした新電力会社の情報をアップデートしています※。

パワーシフト・キャンペーンが重視するのは、単に自然エネルギーの比率だけではありません。地域主体であること、電源構成を開示していること、そして原発はもちろん石炭火力からの電源調達をしないことなどが条件になっています。

パワーシフト・キャンペーンの事務局を務める吉田明子さん（FoE Japan）は言います。「今は一般の方が自然エネルギーによる電力を使いたいと思っても、意思表示をする場がほとんどありません。このホームページでは、新しい電力会社の情報を皆さんと共有しながら、消費者の声を小売会社側にもとどける場としても活用していきます」。

「パワーシフト・キャンペーン」のwebページ。

２０１６年5月現在では、ホームページで紹介している新電力会社は、本書に登場した「みんな電力」や「みやまスマートエネルギー」など14社。今後その数を増やす予定です。数年後には、自然エネルギーを供給する新電力会社は現在よりも増えているはずです。夏や冬など電力需要が増えるシーズンには、このホームページを参考にして、改めて契約を見直してみることをお勧めします。

パワーシフト・キャンペーンの合言葉は、「デンキを選べば社会が変わる」。今すぐにはベストの選択肢が見つからなくても、一人ひとりが意識を持ち、小さくても意義のある新電力会社を育てることで大きく社会を変えようと呼びかけています。

※「パワーシフト・キャンペーン」のホームページはこちら

http://power-shift.org/

パワーシフト・キャンペーンが重視する5点

1、電源構成や環境負荷などの情報を一般消費者にわかりやすく開示していること
2、再生可能エネルギーの発電設備（FITをふくむ）からの調達を中心とすること
3、原子力発電所や石炭火力発電所からの調達はしないこと（常時バックアップ分は除く）
4、地域や市民による再生可能エネルギー発電設備を重視している
5、大手電力会社と資本関係がないこと（子会社や主要株主でない）

8章　私たちにできること

自然エネルギーに1票を

電力自由化について、さまざまな角度から考えてきました。最後に、私たち一人ひとりに何ができるのかを考えましょう。電力会社を変えたからといって、日々の生活に変化は起きません。たとえ自然エネルギーを提供する新電力会社に切り替えても、送られてくる電気そのものは同じなので、実感を持つことはできないでしょう。さらに、電力システム全体としては制度的な課題が多く、現時点で100点満点の選択肢が与えられているわけではありません。

しかし化石燃料でも原発でもなく、自然エネルギーの電気を選んで購入することは、自分のお金をそこに投資するのと同じことです。社会的に問題のある企業ではなく、より良い商品を作っている企業を応援することには大きな意義があります。それは一企業を応援することにとどまりません。そのような行動を起こすことで、世の中に対して「私はこういう電気がほしい」とアピールすることと同じなのです。選挙でいえば、自然エネルギーに一票を投じていることになります。逆に言えば、「エネルギーのことはわからない」と何も行動しない人は、投票しないのと同じことになってしまいます。

自然エネルギーを支持する人が増えれば増えるほど、社会での影響力は高まります。自然エネルギーを広めようとする新電力会社は、今はまだ小さな存在です。しかしこれからは、一般の人たちが参加して、志のある会社を育てていくことができるか、ということが問われています。電源の選択に一人ひとりの市民が参加することには、そのような可能性が秘められています。

自分の住んでいる地域には、自然エネルギーの電気を供給する新電力会社がないという人もいるでしょう。それでも、今ある選択肢の中からよりましな会社に切り替えてみたらどうでしょうか。そして切り替える際には、新しい電力会社とそれまで使っていた電力会社の両方に、「もっと自然エネルギーを増やしてほしい」とリクエストしてみましょう。電力自由化によって、以前よりは大手電力会社も一般の人の声に耳を傾けるようになってきていますから、自分が望むような電力会社がなければ、現実を変えていく姿勢で接することも大切になってきます。

電気の特徴を考えて賢く使う

電気というのは、コンセントにさえつなげばどんな家電でも動かせる、とても便利なエネルギ

図25　家庭で使われるエネルギー源の割合

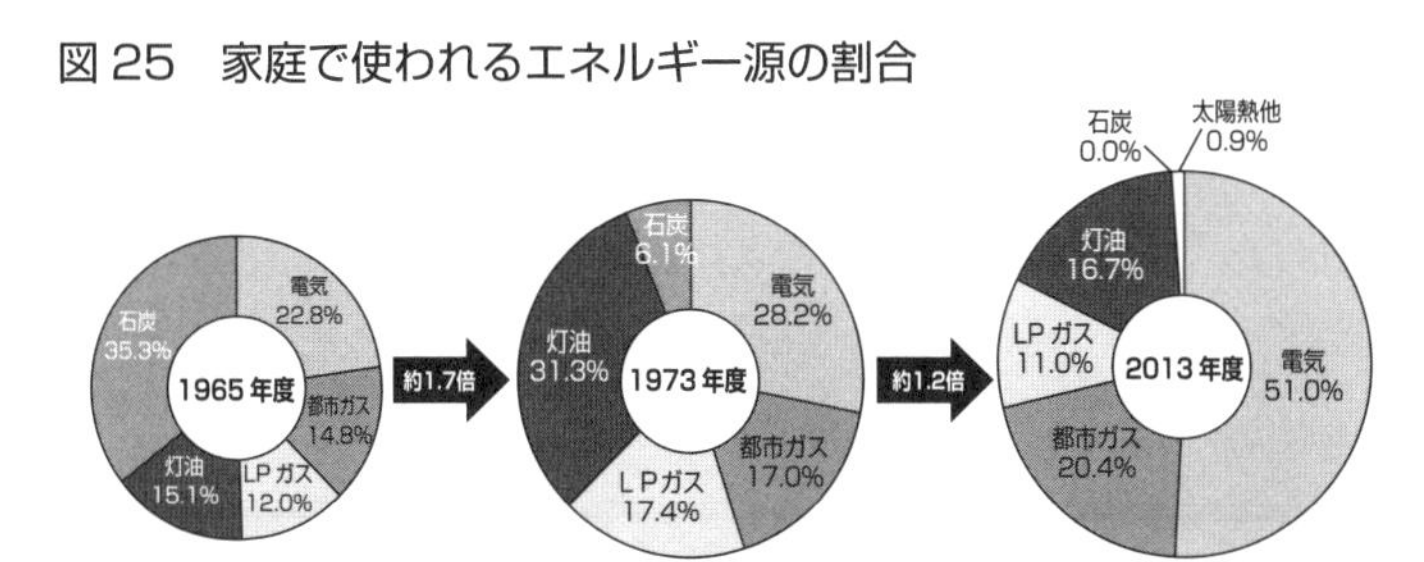

さまざまな家電が開発されたりオール電化住宅が普及したことで、年々、電気の割合が高まっている。

（資源エネルギー庁エネルギー白書2015より作図）

ーです。だから、「オール電化」のような住宅も広がってきました。オール電化住宅の宣伝では、「夜の安い電力を使えば光熱費がお得になり、エコですよ」と説明されてきました。そこで、環境意識の高い人たちがオール電化住宅を購入してきたのですが、そこに落とし穴がありました。電気には苦手な分野があります。

火力発電所では、海外から船で運ばれてきた大量のガスや石油などの燃料を燃やして電気を作ります。その際、投入したエネルギーの半分以上が熱となり、捨てられてしまっています。電気は、海外から買ってきた燃料の大半を捨てて作られた貴重なエネルギーなのです。その電気を、電気ヒーターや給湯などのため、家庭で再び熱として利用することは、エネルギー効率全体で考えるととてももったいない話です。

電気は電気でなければできないこと、たとえば照明やテレビなどに限定したほうが、有効に使えます。日本では、「エネルギー＝電気の話」だと思われがちですが、実は家庭に必要なエネルギーの約半分は、電気ではありません。「暖房」や「給湯」

太陽熱温水器。太陽熱や雨水を上手に活用して快適に暮らす工夫が凝らされている東京都小金井市の環境学習館「雨でも風でもハウス」にて。

などの熱エネルギーです。こうしたエネルギーは、できる限り電気を使わない方法でまかなうのが効率的です。

お勧めの設備は太陽熱温水器です。これは、太陽の熱で水を温めてお湯を作る装置です。お風呂やキッチンなどでお湯を使う際に、ガスを節約することができます。また、システムを組めば床暖房としても使えます。これがあれば電気やガスが止まっても、水さえ出れば温かいお風呂に入ることができるため、東日本大震災の際にも重宝されました。

今では誰もが「エネルギー＝電気」と考えるようになってしまったので、忘れられた存在になっているのですが、太陽光発電よりもはるかに安い価格で設置できる太陽熱温水器は、とても役に立ちます。このように、エネルギーの特徴を考えて賢く使い分けることが、家庭の省エネや光熱費を安くするだけでなく、日本全体のエネルギー効率を改善することにもつながっていきます。

「ガマンしない省エネ」で快適、健康になる

もっともエネルギーを賢く使う方法は、無駄なエネルギーを使わないことです。そういうと、「ガマンの省エネ」を思い起こす人もいるでしょう。暑さや寒さをガマンする、あるいは便利なものを使わず倹約に努める。それが好きだという人は止めませんが、そういうものは長続きしないし、楽しくないから社会には広がりません。もちろん暑さや寒さを過度にガマンすると、健康にも悪影響が出てしまいます。

日本ではあまり知られてはいませんが、欧州では冷暖房のエネルギーをあまり使わずに、むしろ快適で健康になれる暮らしが一般的になっています。それを象徴するのが住宅のエネルギー性能の高さです。エアコンなどの設備機器に頼らず、温度と湿度を、住む人にとって快適な状態に住宅がコントロールしてくれるのです。

そのように言うと「欧州は冬は寒いから断熱を厚くすればいい。でも日本の夏は蒸し暑いからそんな家は役に立たない」と反論されそうですが、その認識はちがいます。本当にエネルギー性能の高い家であれば、年間を通じて温度と湿度がほぼ一定なので、夏も快適に過ごすことがで

きます。

日本人はあまり気づいていないのですが、日本の一般的な住宅は、日本の夏は蒸し暑く冬は寒いという、先進国の中で最低レベルの性能になっています。その暑さ、寒さをしのぐために、エアコンなどの機器が発達してきました。確かに日本のエアコン設備の性能は高いのですが、肝心な家の性能が低いので、せっかく作った暖かい空気が外に抜けてしまっています。日本では、各部屋にエアコンを設置することを前提とした家づくりが当たり前になっていますが、それは家の性能の低さを補おうとしているからで、本当にエコで健康な家というのは「エアコンのいらない家」なのです。そのような家では、各部屋の温度差がほとんどなく、冬にお風呂に入っても脱衣所で寒い思いをすることもないし、温度差によるヒートショックで倒れる心配もありません。

また、エアコンに頼って温度調節をする家では、空気が乾燥するので加湿器が必要になったり、ホコリが舞い散るので空気清浄機を追加したりと、次々と別の電化製品を購入して快適さを追求しなければなりません。でも、家そのものを快適にすればそれらの電化製品は最小限しかいらなくなります。そう考えると、家で電気を使わなければならない割合もぐっと減るのではないでしょうか？「エネルギー＝電気」だと考えてしまうと見えなくなってしまうのですが、電気の消費を減らしながら、むしろ今より快適になる方法はあるのです。

家のエネルギー性能については、日本の建築業界でもようやく注目されるようになってきました。先進的な建築家や工務店は、すでにそうした家を広めようと研究を重ね、快適な住宅を建てています。「低燃費住宅」や「パッシブハウスジャパン」といったグループなどです。新しく家を建てるなら、そのようなグループに入っている地域の工務店に相談することをお勧めします。新築にかぎらず、家や中古マンションのリフォームをする場合も、相談にのってくれるでしょう。

賃貸ではできることが限られますが、それでも窓や床に工夫をするなど、快適性を落とさず、エネルギー消費を減らす方法はあります。たとえば、カーテンを厚手のものにするだけで夏にも冬にも遮熱や断熱の性能は上がります。また、10年以上前の古い冷蔵庫を使っていたらぜひ取り替えましょう。初期投資がもったいないと思うかもしれませんが、冷蔵庫は24時間つけっぱなしにするので、思った以上に電気を浪費しています。この10年で冷蔵庫のエネルギー効率は大幅にアップしていますから、電気代はだいぶ安くなるはずです。暮らしの中で、そのような視点でものを考えることで、快適性を変えずにエネルギー消費量を大幅に減らすことが可能です。

ちなみに、ここまで散々エアコンを悪く言ったように聞こえたかもしれませんが、エアコンは、エネルギー性能としては高い設備です。エネルギー効率の悪い灯油ストーブや電気ヒーターなどを使っている家庭があれば、新しいエアコンに切り替えるだけでも、大幅に省エネできます。

エネルギーを50％以上削減した、スーパー省エネビル

ここで紹介した「エアコンがなくても快適な住まい」については実感がしにくいかもしれませ

ん。筆者自身も、知識として聞いていた段階ではピンときていませんでした。劇的に変わったのは、モデルハウスで宿泊体験をしてからです。

筆者が宿泊したのは、埼玉県川越市にある「低燃費住宅」というグループに加入する工務店が建てたモデルハウスです。訪れたのは冬（2月）で、その時期にしては暖かい日でしたが、それでも朝晩は外の気温が6度から8度くらいになりました。ところが室内は暖房をつけずに20度をキープしています。最も驚いたのは、リビングや脱衣所など部屋が変わっても、温度がほとんど変わらなかったことでした。そして天井付近の温度と足元の温度も変わりません。普段は寒がりで、夏でも靴下をはいている筆者ですが、その日は裸足で家中を歩き回ることができました。温度差がなく、どこに移動しても快適に過ごせる環境では、とてもリラックスして過ごすことができました。もちろん温度差によるヒートショックなどの心配はありません。この家は、冬だけではなく夏の暑い時期でも温度と湿度が一日を通して一定なので、エアコンに頼らず快適に過ごすことができます。

このような家で10年間過ごすのと、冬は寒くて夏は暑い家で過ごすのとでは、明らかに健康状態が変わってくるはずです。このように、エネルギー的に優れた住宅を選ぶということは、光熱費が節約できるというだけではなく、暮らしの質や健康にかかわってくる重要なテーマなのです。

省エネと快適性を同時に実現しようという動きは、住宅だけではなくオフィスにも広がっています。神奈川県小田原市でかまぼこの製造や販売をてがける老舗「鈴廣蒲鉾（すずひろかまぼこ）」は、新しい本社ビルを超省エネビルとして建設しました。２０１５年8月に完成した3階建てのビルのエネルギー削減率は54％。通常の同サイズのビルの半分以下しかエネルギーを使わないという計算になります。

壁の内部は分厚い断熱（20センチ）がされ、窓はもちろんペアガラスです。サッシは金属だと熱を伝えやすいので、内側が木製になっています。空調は地下水（井戸水）を利用したシステムで効率化を図っています。多くの人が働く3階の大フロアでは、空調の吹き出し口が床にあり、下から温風が出てくる仕組みです。井戸水は空調だけでなく、効率よくお湯を作るシステムとしても活用されています。また一度使用された井戸水は貯められて、トイレなどに再利用されています。屋上には出力40キロワットのソーラーパネルが並び、電気は売電ではなく自家消費をしています。館内には蓄電池もあるので、停電時も安心です。

低燃費住宅の窓は、分厚い構造でサッシも熱を伝えにくい樹脂が用いられている。写真は、川越の住宅を施工した齋賀設計工務の齋賀賢太郎さん。

鈴廣蒲鉾の副社長である鈴木悌介さんは、福島第一原発事故が起きた後、経営者としてエネルギーのことに真剣に取り組む必要を感じ、「エネルギーから経済を考える経営者ネットワーク会議（エネ経会議）」を創設しまし

省エネ率の高い鈴廣蒲鉾の新社屋。

た。会社の省エネについては、当初はできるだけお金をかけずに運用面を見直すことで対応していましたが、今回は、ある程度お金をかけて新社屋を省エネ型にしました。ビルの省エネ化には、エネ経会議に集まったエネルギーの専門家のアドバイスをとり入れています。鈴木さんは言います。

「このような省エネビルは、これまで大手建設会社がショールーム的にやっていましたが、たいていは採算を度外視して作っています。うちのように商業ベースで使用するビルは、まだまだ少ないでしょう。従来ほとんど使われてこなかったエネルギーがいくらでもあるということを、このビルを通じて知ってもらいたいですね。私はこういうものがメジャーにならないとおかしいと思っているんです」。

コストについては設備をかけたことで建築費が10％程度高くなったものの、光熱費がほとんどかからないので10年程度で回収できるとのことです。この例からわかるように、エネルギーは作るより減らすことの方が遥かに簡単です。しかも単に減らすだけでなく、室内の環境は以前より快適になっています。これからは、「電気をどうするか？」ということだけでなく、こうした「住まい」や「暮らし」、「仕事」といった視点からエネルギーを見直すことも大切になってきます。

答えは「オフグリッド」？

省エネをするとしても、ある程度の電気は使わなくてはいけません。でも今まで触れてきたように、現時点では100％自然エネルギーを購入するという選択肢はありません。そこで、「オフグリッド」という提案がされています。「グリッド」というのは、生きるのに欠かせないインフラのパイプラインなどのことを指しています。電気で言えば送配電線のことです。そこから切り離して（ＯＦＦする）、完全に自宅の電気を自給しようというのがオフグリッドです。

自宅の屋根で太陽光発電を行い、蓄電池で充電しておけば、家庭で使う電気はまかなえます。100％自然エネルギーを使いたいなら、現状ではこの方法が一番近道です。また、自分で使う電気を自分でコントロールするという自立心を育んだり、計画停電のようなことがあっても安心というメリットがあります。電力を自給することで、今まで気がつかなかったことに気づくようになる、といった効果もあるでしょう。

大手電力会社のいいなりになってきた暮らしとエネルギーとの関係に、このような方法で新しい提案をしていく、ということ自体は、とても良いことです。エネルギーシフトを実現するためには、ひとつではなく、いろいろなやり方があっていいからです。

ただ、日本社会全体を変える方法としてはオフグリットがふさわしいとは言えません。理由のひとつには、費用の問題があります。3～4人家族が使う電力をすべてまかなうシステムを作るには、まだ蓄電池（バッテリー）の値段が高く、最低でも200万円から500万円程度の費用がかかります。ソーラーパネル自体は20年を越えてももつはずですが、バッテリーやパワーコンディショナーなどの機器は、耐用年数が10年から15年なので、その度に100万円単位の追加出資が必要となる場合もあります。

もちろんシステムを導入する人たちは電気代との比較ではなく、大手電力会社と関係を切り離し、自然エネルギー100％の電気を使うことを優先していることでしょう。しかしもうひとつ気になることがあります。もともとつながっていた送配電線とあえて切り離してしまう人もいるのですが、そうなると逆にその家の電気が足りなくなった場合は、バックアップがなければその家だけ停電になり、非常時に役立たなくなってしまうのです。

もともとオフグリッドというのは、家の敷地が広くて送配電網がいきとどいていない米国やオーストラリアなどでＤＩＹ（Do It Yourself）の精神で発展してきたシステムです。そのような地域で、自分のことを全部自分でやるという知恵と覚悟のもとでオフグリッドするというのは、とても理にかなっています。

ところが日本には全国に送配電網が張りめぐらされていて、ほとんどの家庭にはすでに送配電網がつながっています。それをわざわざ切り離すのは、災害時の安全の意味でもお勧めできません。送配電網と接続したまま、できるだけ電力の自給率を高めていくというのが良いのではないかと思います。

送配電網をみんなのものにする

送配電網は、国民の支払った電気料金などで全国に張りめぐらされてきた巨大なインフラです。今まではそれを大手電力会社が、自社の利益になるように運用してきました。でもこれからは、その送配電網を誰もがチェックして活用できる、フェアでオープンなものにできるかが争点になってきます。

エネルギーシフトへの道を着実に歩んでいる欧州の例を見ても、送配電網の所有権を中心に改革が進んできました。そして巨大資本による独占から、住民に開かれた形でみんなの利益になるように変えていくことが大切、という共通認識が生まれています。ドイツ市民が大手電力会社から配電網を取り戻した動きも、その流れで起きたことです。

そのような社会的な視点から言えば、送配電網と自分の家とを切り離して電力自給しても、解決にはつながりません。電力自由化と発送電分離を軸とする電力システム改革は、送配電網を民主化するチャンスでもあります。もちろん、既得権益を持つ勢力の力は巨大なものなので、このまま放っておいても良い方向にはいかないでしょう。送配電網を私たち一人ひとりのものに取り戻すために、国や電力会社のあり方をチェックし、いろいろな形で意見を表明していく必要があります。

公益事業としての電力を問い直す

人々の暮らしに欠かせないインフラである電力事業は、公益事業です。場合によっては利益が出なくても、住民のためにやるべきことはやる必要が出てきます。日本の電力をめぐる議論には、その視点があまりに欠けていたのではないでしょうか。

福島第一原発事故が起きた後、東京電力の社長の年収が7200万円だったことが明らかになりました。大企業の社長としては、それくらいもらっている人はめずらしくはないのでしょうが、公益事業と考えたときに、問題にするべき点も出てきます。たとえば同じ公益事業である水道局の局長がそんなに年収があったら大問題でしょう。

電力会社は公益という役割があるからこそ、民間企業でありながら地域独占を保障され、絶対に損失が出ないシステムを許されてきました。本来であれば、利益が上がれば電気代を支払っている国民に還元することを検討すべきなのに、利益を当然のように自分たちの懐に入れ、地域の経済界のボスとして君臨してきました。その倒錯した状況に気づけなくなっていたのは、東京電力だけではないはずです。

かつて日本に電力がやってきたばかりの時代に、農山村では地域の人たちが自らの創意工夫で、地域電力会社を立ち上げました。全国を回り、その実態を調査、研究している高崎経済大学の西野寿章教授は、「今こそ電気事業とは何か、公益とは何かについて問い直すべきだ」と問いかけます。西野さんは、かつてのように住民が出資をして地域の電力公社を立ち上げたり、自治体が電力事業を運営したりすることで、その利益を地域に還元する仕組みを作るべきだと提案しています。

ドイツでは、公益という発想のもと、地域が電力会社を運営してきた歴史があることは触れました。そしていま日本でも、発電会社や小売会社など、地域主体での取り組みが始まりました。電力自由化と発送電分離、そして地域主体の動きが連携し、そこに多くの人が関心を持つことで、日本でもエネルギーを多くの市民の手に取り戻すことができる日が来るかもしれません。

本書を読み終えて「仕組みはなんとなくわかったけれど、結局どうしたらいいの？」とモヤモヤしている方がいるかもしれません。でも、電力システムは変わり始めたばかり、簡単にスッキリできる方法はありません。そのモヤモヤを大事にしながら、これからも関心を持ち続けて欲しいと思います。

「高橋真樹の全国ご当地エネルギーリポート」。ブログ形式で全国を巡って連載を続けている。

電力会社選びについては、これがベストという選択肢はありません。それでも各社に違いはあるので、定期的に見比べながら、その時点でベターな選択肢を選んでいってください。選択する際に、価格ではなく、電源や会社の姿勢を基準にしてもらえたら幸いです。

また「電力会社を選ぶ」という方法以外にも、エネルギーから社会を変える方法はいろいろあります。ここでは少しだけ紹介しましたが、自分に合った方法を探して、チャレンジをしてみてください。具体的なやり方、考え方などは、筆者の他の著書や「エネ経会議」が主宰するブログ『高橋真樹の全国ご当地エネルギーリポート』（http://ameblo.jp/enekeireport/）の連載にも紹介しています。

あとがき――エネルギーと民主主義

「民主主義ってなんだ？」。２０１５年の国会では、国民の意思が反映されないまま、国の安全保障や戦争に参加する要件をめぐる重要な法案が次々と可決されました。そのやり方に異を唱える若者たちの中から聞こえたのが、この「民主主義ってなんだ？」という叫び声でした。

ぼくは電力を始めとするエネルギーの話も、民主主義をめぐる話と同じだと感じています。民主主義は、何年かに一度、選挙に行って投票をすれば自動的に誰かがうまくやってくれる便利なシステム、というわけではありません。選んだ政治家や政党が重要な政治課題にどう対応しているのかチェックし、自分はどのように向き合い、参加していくのかというかかわりを常に持ち続けなければ、大変なことになってしまう可能性もあります。

面倒かもしれませんが、選挙の後（近頃は選挙そのものもですが）、世の中の人が無関心になってしまえば、多数派の政党が好き勝手に法律を作り変えるような事態が起きるでしょう。自分たちの社会をどうしていくのかという主導権を、そのような人たちにすべて預けてしまって良いのでしょうか？　投票したあとも、責任をもってさまざまな形で政治とかかわっていくことが、成熟した民主主義社会のあり方のように思うのです。

電力についても同じです。ようやく電力会社を選べるようになったとはいえ、自然エネルギーの電力を扱う小売会社に切り替えたらあとは何も考えない、という姿勢では、世の中を変えることはできません。電力システムについてはとても難しい話が多いのですが、それでも大手電力会社が何をやっているのか？　送電会社はきちんと機能しているのか？　についてなど、関心を持ち、何ができるのか考える人が増えれば、システムにも影響を与えることは可能です。

戦後、日本の復興のために設立された九電力会社は、国民生活に欠かせない電力を供給することが使命でした。ところが、民間企業なのに地域独占が認められるという特殊な立場や、いくら投資しても儲けが出る仕組みに安住して、過剰に発電所を作り続け、電力のニーズそのものを増やす仕掛けを築きました。組織の目的と手段は逆転して、利権のために肥大化したモンスターになっていったのです。その挙句に引き起こしたのが原発事故でした。それでも、組織のマインドは変わりません。今でも安全を置き去りにして、原発の再稼働を進めようとしています。

そのモンスターを生んだ要因のひとつは、社会の無関心でした。多くの人にとって、停電さえ起きなければ、電力のことなど自分がかかわる問題ではなかったのです。チェック機能が働かなかったことで、体制は維持されました。

今回、電力システム改革によって地域独占はなくなる方向に動いています。それでも、国民の関心が高まらなければ、前と同じように一部の人たちの利権を守るために都合の良いルールに変えられてしまうかもしれません。だからこれからは多くの人が傍観者ではなく、当事者になる必要があります。

フェアな民主主義も、フェアなエネルギーシステムも、テレビの前で文句を言っているだけで実現するものではありません。そのことは、ドイツで送配電網を買い戻した市民たちの活動が象徴しています。誰もが使うエネルギーの所有権は誰のものか？　行動を起こしたドイツの人々はそのことを痛切に問いかけているのです。

エネルギー問題へのかかわりを通じて民主的な社会を実現することを、欧米では「エネルギー・デモクラシー」と呼んでいます。さまざまな意味で民主主義の危機が語られる今の日本で、エネルギー・デモクラシーを実現することは、他の分野の問題を改善することにもつながるように思います。

スッキリした答えはありません。だからこそ民主主義と同じで「よりマシなものを選ぶ」「できることをやる」という行動を起こすことが、次のステップを築いていくのではないでしょうか。本書がそのための参考になるとしたら、嬉しく思います。

本書は、以下の方々への取材、アドバイス、ご協力のおかげにより執筆することができました。謹んで御礼申し上げます。エネルギーから経済を考える経営者ネットワーク会議（エネ経会議）の鈴木悌介さん、小山田大和さん、竹林征雄さん、関西大学の安田陽さん、千葉大学の倉阪秀史さん、高崎経済大学の西野寿章さん、立命館大学のラウパッハ＝スミヤ・ヨークさん、東北芸術工科大学の三浦秀一さん、環境エネルギー政策研究所の飯田哲也さん、山下紀明さん、古屋将太さん、吉岡剛さん、エナジーグリーンの竹村英明さん、クラブ・ヴォーバンの村上敦さん、早田宏徳さん、福島由美子さん、日本エネルギーパス協会の今泉太爾さん、吉田登志幸さん、FOEJapanの吉田明子さん、気候ネットワークの平田仁子さん、ジャーナリストの田口里穂さん、生活クラブの半澤彰宏さん、「生活と自治」編集部の宮下睦さん、パルシステムの小澤敏昌さん、野津秀男さん、船津寛和さん、城南信用金庫の吉原毅さん、栢沼雄二さん、西粟倉村役場の上山隆宏さん、あわくら温泉元湯の井筒耕平さん、みんな電力の大石英司さん、会津電力の佐藤彌右衛門さん、小林恵子さん、グリーンズの鈴木菜央さん、増村江利子さん、どうもありがとうございました。また本書にご登場いただいた個人や団体の皆様にも改めて御礼申し上げます。

環境エネルギー政策研究所の松原弘直さんには、お忙しい中、全体を通して的確なアドバイスをいただきました。本当にありがとうございました。大月書店編集部の松原忍さんには、いつもながら新しいチャレンジの場を与えていただいて感謝しております。最後に、原稿の最初の読者として冷静な意見を述べてくれるパートナーの由美子に、どうもありがとう。

２０１６年５月25日

高橋真樹

著者略歴

高橋真樹

（たかはし・まさき）1973年東京生まれ。ノンフィクションライター。平和協同ジャーナリスト基金奨励賞受賞、放送大学非常勤講師。「持続可能な社会」をテーマに国内外各地を取材をして、雑誌やWEBなどに発表している。著書多数。エネルギー関連の著書としては『自然エネルギー革命をはじめよう』（大月書店）、『親子でつくる自然エネルギー工作（4巻シリーズ）』（大月書店）、『ご当地電力はじめました！』（岩波ジュニア新書）などがある。エネルギーから経済を考える経営者ネットワーク会議（エネ経会議）が主宰する「高橋真樹の全国ご当地エネルギーリポート！」（http://ameblo.jp/enekeireport/）では、各地のエネルギーシフトの取り組みを伝えている。

カバーデザイン　藤本孝明（如月舎）
本文DTP　編集工房一生社

そこが知りたい電力自由化
自然エネルギーを選べるの？

2016年7月20日　第1刷発行

定価はカバーに表示してあります

◉著者——高橋真樹
◉発行者——中川　進
◉発行所——株式会社　大月書店
〒113-0033 東京都文京区本郷2-11-9
電話（代表）03-3813-4651
FAX 03-3813-4656
振替 00130-7-16387
http://www.otsukishoten.co.jp/
◉印刷——太平印刷社
◉製本——中永製本

ISBN 978-4-272-33088-1 C0054　Printed in Japan